中国敦煌石窟保护研究基金会资助出版

敦煌石窟
植 物 图 鉴

汪万福　主编

科学出版社
北 京

内 容 简 介

本书依据敦煌石窟的地理分布和石窟壁画中植物图像资料，对石窟所在地的植物物种和植被类型进行了系统介绍，旨在揭示敦煌石窟周边植物多样性及生态环境特征，阐述植物对石窟保护的价值和生态学意义。全书分总论和分论两部分。总论包括丝绸之路与敦煌、敦煌石窟及其价值、敦煌石窟的保护，以及植物与敦煌石窟等内容。分论蕨类植物采用 PPG Ⅰ 系统，裸子植物采用杨永系统，被子植物采用 APG Ⅳ 系统，共收录敦煌石窟周边维管植物 71 科 276 属 389 种。其中，蕨类植物 1 科 1 属 1 种；裸子植物 4 科 6 属 10 种；被子植物中单子叶植物纲 10 科 41 属 52 种，双子叶植物纲 56 科 228 属 326 种。书中对每种植物的形态特征、分布与生境、资源价值进行了描述，并附有植物特征照片。

本书可供高等院校和研究院所植物学、生态学、环境学、土壤学、考古学、文物保护技术等领域的广大师生和科研工作者参考，亦可作为植物和文化遗产爱好者、青少年、游客等了解敦煌石窟区域生态及文化遗产保护的工具书。

图书在版编目（CIP）数据

敦煌石窟植物图鉴 / 汪万福主编. — 北京：科学出版社，2024.6
ISBN 978-7-03-077610-5

Ⅰ. ①敦… Ⅱ. ①汪… Ⅲ. ①敦煌石窟－植物－图集 Ⅳ. ①Q948.524.23-64

中国国家版本馆CIP数据核字（2024）第017682号

责任编辑：王海光　王　好 / 责任校对：郝甜甜
责任印制：肖　兴 / 装帧设计：北京美光设计制版有限公司

科学出版社 出版
北京东黄城根北街16号
邮政编码：100717
http://www.sciencep.com
北京华联印刷有限公司 印刷
科学出版社发行　各地新华书店经销

*

2024年6月第 一 版　开本：889×1194 1/16
2024年6月第一次印刷　印张：29

字数：940 000

定价：498.00元
（如有印装质量问题，我社负责调换）

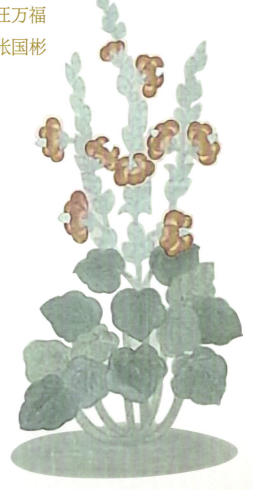

作者简介

汪万福

生于 1966 年 9 月，甘肃省甘谷县人，理学博士，敦煌研究院二级研究馆员，中国科学院大学和兰州大学兼职教授、博士研究生导师。现任敦煌研究院学术委员会委员、保护研究部副部长、国家古代壁画与土遗址保护工程技术研究中心副主任，兼任中国古迹遗址保护协会石窟专业委员会副主任、中国文物学会文物保护技术与修复材料专业委员会副主任、中国文物保护技术协会石窟和土遗址保护专业委员会副主任等职。第十四届全国人民代表大会代表。主要从事干旱区环境与文物保护修复等方面的教学培训、文物科技保护及文物保护修复工程（项目）管理等工作。先后主持国家自然科学基金"植物对甘肃境内土长城遗址的影响及防护研究"等项目 10 余项，主持甘肃敦煌莫高窟九层楼抢险修缮工程、西藏布达拉宫二期维修壁画保护修复工程、山西太原王家峰北齐徐显秀墓保护工程、青海瞿昙寺壁画保护修复工程等全国重点文物保护工程勘察设计与施工 20 余项，其中 5 项被评为全国十佳（优秀）文物维修工程。发表学术论文 200 余篇，授权专利 30 余件、软件著作权 3 件，主持或参编国家行业标准规范 7 项，合作编写《西北地区土遗址周边植物图册》等专著 9 部，其中 1 部入选"博士后文库"丛书、3 部被评为全国文化遗产十佳（优秀）图书。获国家科学技术进步奖二等奖 1 项，省部级奖项一等奖 1 项、二等奖 3 项，以及第五届甘肃青年科技奖。被评为文化产业工作先进个人、全国优秀科技工作者等。入选甘肃省领军人才（第一层次人选）、甘肃省宣传文化系统"四个一批"文化专门技术界人才、甘肃省拔尖领军人才（第一批）。

序 一

当今，生物多样性保护受到世界广泛关注，植物多样性是生物多样性的重要组成部分，对维持生态平衡和人类福祉起着关键作用。作为人类文明发展延续的基石，植物为人们提供了琳琅满目的生产生活必需品，丰富了人类的物质生活和精神世界。2017 年 7 月，习近平在致第十九届国际植物学大会的贺信中写道："中国是全球植物多样性最丰富的国家之一。中国人民自古崇尚自然、热爱植物，中华文明包含着博大精深的植物文化"。约 10 000 年前，居住在长江下游地区的人类就开始驯化水稻，并使之逐渐演化为中国人的主要粮食。约 5000 年前，以稻、黍、稷、麦、菽为代表的"五谷"，开启了中华文明生生不息、绵延不绝的发展史。约2500 年前编成的诗歌总集《诗经》就记载了 130 多种植物，《诗经·大雅》记载："凤凰鸣矣，于彼高冈；梧桐生矣，于彼朝阳。"明朝李时珍的《本草纲目》记载了近千种植物的药用功能，成为世界著名的药典，沿用至今，为人类健康做出了重要贡献。把目光投向人类的历史长河，世界上几乎所有民族，其生存发展和文明延续，都与植物息息相关。

公元前 2 世纪中叶，张骞凿空西域，葡萄、苜蓿、胡麻、蚕豆等异域植物被相继引进，拓展了我国植物种质资源，而中原地区的丝绸和丝织品也源源不断地传入西域，并经过此地西传欧洲。古代丝绸之路的开辟，使得植物与文化互通互融，增进了各国的文化交融，既丰富了人们的物质生活，也滋养了人们的精神世界。这条人类文明交流的重要通道，成为全球科学技术、社会经济和政治文化交流学习的重要纽带。

2013 年，习近平提出共同构建人类命运共同体和"一带一路"倡议，使古代丝绸之路焕发了新的勃勃生机，也为"一带一路"共建国家的交流发展指明了方向。2019 年，习近平在敦煌研究院座谈时提出，"敦煌文化展示了中华民族的文化自信"。敦煌作为丝绸之路的重镇，是世界不同文明的交融、交汇区域。敦煌石窟作为古代丝绸之路人类文明遗存的代表，是古代沿线地区交流互鉴、共同发展的见证，更应受到关注和保护。

自发现敦煌藏经洞以来，尤其是新中国成立后，敦煌石窟的保护工作取得了巨大的成就，植物作为支撑石窟环境、防治风沙的重要组成部分，在水土保持、调节气候和改善环境等方面发挥着重要的生态功能。此外，千百年来，莫高窟壁画里妙法庄严的菩提树、彼岸花，以及敦煌田间原野的葡萄园和沙生植物，将宗教、艺术与生活牢牢沁入当地的文化之中，影响着一代又一代人。这些植物展现了干旱区荒漠生态系统中独特丰富的植物多样性，也为分析敦煌壁画中植物图案的艺术表现形式，正确解读敦煌石窟文物遗存中的植物提供了科学依据。但对于敦煌石窟植物多样性的认识，一直未见系统的报道，导致人们在领略敦煌文化的时候，缺少了对西北大漠植物多样性的认识。因此，当我看到汪万福研究员主编的《敦煌石窟植物图鉴》时感到特别高兴。

古人云：敦者，大也；煌者，盛也。敦煌石窟植物种类丰富，形态多样。该书蕨类植物采用 PPG Ⅰ 系统，裸子植物采用杨永系统，被子植物采用 APG Ⅳ 系统，收录敦煌石窟周边维管植物 71 科 276 属 389 种。书中以图文并茂的形式展现这些植物，让读者领略敦煌艺术的同时，也能体会到荒漠的生命之力。

汪万福研究员从事文物保护工作 30 多年，一直在科研道路上孜孜以求，是国内较早提出通过生物技术保护文物的学者之一，他主编的《西北地区土遗址周边植物图册》是打破自然科学与人文科学藩篱的佳作。期待即将付梓的《敦煌石窟植物图鉴》成为大众读懂敦煌壁画的引子，成为"大漠孤烟直，长河落日圆"壮美画卷的一抹绿意。希望更多的学者像汪万福研究员一样，为我国植物多样性保护、生态文化建设做出脚踏实地的工作，为相关政府部门和研究者提供专业实用的工具书和研究素材；也希望有更多的文物单位组织编写类似著作，服务于文物保护和文化旅游，做新时代中华文化的继承者、创新者、传播者。

是为序，乐其成。

安黎哲

北京林业大学校长

序 二

　　敦煌是古丝绸之路上的交通要塞，千百年来东西方文化在这里进行广泛的交流融合，从而形成了敦煌多元的文化特征。敦煌莫高窟从营建开始历经十六国、北朝、隋、唐、五代、宋、西夏、元等朝代，持续了 1000 多年，造就了规模最宏大、延续时间最长、内容最丰富的佛教石窟群，被誉为"沙漠中的美术馆"。1900 年，莫高窟藏经洞被发现，其中出土了 7 万多件文物，内容涵盖了古代宗教、政治、经济、历史、民族、科技、文学、艺术等领域，从中体现出古代中国社会文化的各个方面。以敦煌石窟出土文物构成的敦煌文化是中华优秀传统文化的集中代表，是中华文明在传统文化基础上与外来文化不断融合、不断创新的成果，体现了中华文明的包容性和中华民族博大的胸襟。

　　莫高窟现存壁画达 4.5 万 m²，内容包括尊像画、经变画、故事画、传统神话题材画、供养人画像、装饰图案画等。在表现佛教主题思想内容的同时，还有大量反映社会现实生活的画面，如各时期人们生产劳动及民俗生活的场景。这些场景离不开对山水、树木等自然风景的描绘。因此，植物在敦煌壁画中可以说是贯穿始终的内容。敦煌莫高窟早期壁画中，植物纹样常作为装饰图案被广泛运用。例如，莫高窟北凉第 272 窟藻井图案中就有莲花纹样和忍冬纹样，这两类植物纹都是北朝石窟中最流行的装饰纹样；北魏第 257 窟西壁《鹿王本生图》中多以莲花和小花小草图案为点缀；西魏第 285 窟南壁《五百强盗成佛图》中出现了柳树、竹、梧桐等树形，造型优美逼真；隋唐时期的敦煌壁画中，出现了更为写实、更为丰富的植物形象，如百合、松树、芭蕉、文殊兰、无忧树、吉祥草等。此外，还有大量域外植物，如葡萄、石榴、核桃、胡萝卜、胡椒、胡豆（即蚕豆）等。这些纷繁多样的植物形象，反映了丝绸之路的开辟促进了不同地域植物不断地传播，不仅丰富了丝绸之路沿线国家经济植物种类，提高了各国人民的物质生活水平，促进了国家经济的繁荣，还拓展了各国植物种质资源，改变了各国人民的饮食结构和生活习惯，增进了物质文明的交融发展。

　　敦煌研究院汪万福研究员带领团队长期深耕于文化遗产保护领域，活跃在石窟寺壁画、墓葬壁画、土遗址等文化遗产保护研究的第一线，获得了许多有影响力的研究成果，也得到同行的高度认可。他带领团队曾对甘肃战国秦长城和明长城、新疆交河故城和北庭故城、宁夏西夏陵等西北地区重要遗迹及其周边环境中植物的种类、特征、分布、群落类型等进行详细的野外调查与统计分析，初步建立了我国西北地区土遗址及植物资源数据库、植物标本库和物种图像库。在此基础上，汪万福研究员主编了《西北地区土遗址周边植物图册》（2015 年，科学出版社），该书为深入研究植物等生物因素对土遗址的影响机制提供了第一手资料，也为国家和地方文物保护管理部门更好地开展土遗址系统性保护提供了科技支撑。

《敦煌石窟植物图鉴》一书是汪万福研究员及其团队依照敦煌石窟的地理分布和石窟壁画中的植物图像资料，在对石窟所在地的植物物种和植被类型进行科学系统考察的基础上，将近 10 年野外实地调查数据资料进行梳理、归纳、凝练的全面总结。一方面，该书增加了区域植物研究的本底资料，填补了敦煌石窟群周边植物资源的研究空白，为植物生态研究和文化遗产保护提供基础资料和科学依据；另一方面，结合敦煌石窟的开凿年代，该书可以为鉴定、分析敦煌石窟壁画中出现的植物，以及进一步研究石窟与植物的相互关系提供基础资料和参考。

相信《敦煌石窟植物图鉴》的出版，能够为植物学、生态学、环境学、考古学、文物保护技术等领域的高校师生和科研工作者提供有益参考，亦可对广大青少年、文物古迹爱好者及游客了解敦煌石窟区域生态保护及文化遗产保护有所帮助。

赵声良

敦煌研究院学术委员会主任委员

前　言

　　植物是自然界重要的组成部分，也是文明交流和商业贸易的主题之一。在古代丝绸之路繁盛的时代里，大量的域外植物被陆续引入，不仅丰富了沿线国家经济植物种类，提高了各国的物质生活水平，促进了各国经济繁荣和发展，还拓展了各国植物种质资源，改变了各国人民的衣食结构和生活习惯，增进了各国人民的文化交融。敦煌作为丝绸之路的一颗"璀璨明珠"，是重要的商贸集散地和文明交汇地，敦煌石窟周围植物遍布，石窟壁画中花树丰茂、林草青郁，这些都是植物、石窟与人类文明交流互鉴的真实写照。为掌握石窟周边植物种质资源现状，正确解读敦煌石窟文物遗存中的植物图案的艺术表现形式，本书编者依照敦煌石窟的地理分布和石窟壁画中的植物图像资料，对石窟所在地的植物物种和植被类型进行了系统科学考察，旨在揭示石窟周边植物多样性及生态环境特征，阐述植物对石窟保护的价值和生态学意义。

　　本次科学考察，依据环境保护部于 2010 年 3 月 4 日发布的第 27 号公告《全国植物物种资源调查技术规定（试行）》，以及《生物多样性调查与评价》（2007）、《生物多样性观测技术导则 陆生维管植物》（HJ 710.1—2014）、《生物多样性观测技术导则 水生维管植物》（HJ 710.12—2016）、《县域陆生高等植物多样性调查与评估技术规定》（2017）等相关技术规范的要求，结合调查区域的实际情况，制定相应的调查方案和调查方法。

　　调查主要分为四个阶段。第一阶段（2012 年 1 月 ~ 2014 年 12 月）针对调查区域的现有相关资料，分析了解调查区域的相关情况，制定调查方案和拍摄计划。第二阶段（2015 年 1 月 ~ 2019 年 12 月）在第一阶段的基础上，按照前期制定的调查方案，采用样线法和样方法相结合的方法进行野外调查工作。根据当地的物候，采取主要在花期（4 ~ 8 月）和果期（7 ~ 10 月）进行调查、其他时期进行补充调查的形式。样线和样方根据不同的海拔和地貌进行设计，保证每个不同的生境都可以覆盖。对植物采取地理信息和影像信息相结合的手段，进行地理定位和物种鉴定，调查时尽可能记录各物种所有能观察到的形态、生物学现状和生态环境信息等，同时保证植物照片符合拍摄计划的要求。对于野外无法鉴定的物种，尽可能采集完整的标本并做好标记，以备室内鉴定之用，之后依据鉴定结果，进行补充拍摄。第三阶段（2020 年 1 月 ~ 2020 年 12 月）主要是内业整理，总结第一阶段和第二阶段的工作，整理好调查区域内的文献资料和实地调查资料。在这个基础上，进一步分析调查中存在的问题，制定补充调查方案并付诸实施。同时按照相应的编制计划和拍摄计划，对调查数据进行梳理。第四阶段（2021 年 1 月 ~ 2023 年 6 月）主要是依据收集到的数据，进行图鉴的编制工作。

　　尽管在 20 世纪 40 年代初我国就成立专门机构对以敦煌莫高窟为主的敦煌石窟群开展抢救

性保护和研究工作，但截至目前，对于区域内的植物多样性仅有零星的调查和记录，这些研究成果比较分散，并未形成完整系统的基础数据。随着维管植物分类系统的变化以及各类群研究的深入，其物种名称及系统位置均发生了较大变化。而分类系统的变化造成了不同时期研究成果的偏差，使得该区域维管植物多样性研究更加不明确。因此，我们在明确敦煌石窟地理范围的基础上，通过收集该区域已有资料，并对植物进行实地调查，系统梳理了敦煌石窟维管植物多样性的基础数据，并在此基础上建立了敦煌研究院植物标本馆、数字化植物图片库。该项工作一方面增加了区域植物研究的本底资料，填补了敦煌石窟周边植物名录的研究空白，为植物生态的研究和文化遗产保护提供基础资料和科学依据；另一方面，可以为鉴定、分析敦煌石窟壁画中出现的植物，以及进一步研究石窟与植物间相互关系提供基础资料和依据。在上述工作的基础上，我们编写了《敦煌石窟植物图鉴》。本书可供高等院校文物与博物馆学、文物保护技术、文化遗产、考古学、生态学和植物学等相关专业的教师、研究生及本科生阅读参考，亦可作为植物爱好者、青少年、游客了解敦煌石窟周边植物的工具书，还可为文创工作者、石窟讲解员进一步挖掘人类文明史的故事提供素材，让读者在领略石窟艺术魅力的同时，感受西北大漠的自然之美、生命之美。

本书共收录敦煌石窟周边维管植物 71 科 276 属 389 种，包括野生植物 227 种，栽培植物 162 种。其中，蕨类植物 1 科 1 属 1 种；裸子植物 4 科 6 属 10 种，含栽培植物 9 种；被子植物中单子叶植物纲 10 科 41 属 52 种，含栽培植物 13 种，双子叶植物纲 56 科 228 属 326 种，含栽培植物 139 种。本书蕨类植物采用 PPG I 系统，裸子植物采用杨永系统，被子植物采用 APG IV 系统，植物名称参考《中国植物志》和 *Flora of China*。书中对每种植物的形态特征、分布与生境、资源价值进行了描述，并附有 4 ～ 8 张植物照片（包括生境图、植株图及特征照片），可以满足物种鉴定的需要。

在野外调查和本书编写过程中，得到了中国文化遗产研究院教授级高级工程师黄克忠先生、四川省文物考古研究院马家郁研究馆员、甘肃农业大学林学院孙学刚教授、兰州大学生命科学学院冯虎元教授，以及敦煌研究院等相关单位领导的热情指导与大力支持。中国敦煌石窟保护研究基金会杨秀清理事长、宋真秘书长，以及敦煌研究院赵林毅研究馆员、裴强强研究馆员、孙志军研究馆员、武发思研究馆员、赵燕林副研究馆员和许宏生副研究馆员等给予了无私的帮助。第十五届中国植物学会副理事长、北京林业大学校长安黎哲教授，敦煌研究院党委书记、学术委员会主任委员赵声良研究馆员在百忙中为本书作序。上述支持和帮助使本书增色不少，作者备受鼓舞，在此深表谢意。

由于编者水平有限，书中不足之处在所难免，敬请读者批评指正，以便进一步修订完善。

汪万福

2023 年 6 月于莫高窟

目 录

总论

分论

蕨类植物门 Pteridophyta

裸子植物门 Gymnospermae

被子植物门 Angiospermae

单子叶植物纲 Monocotyledoneae

双子叶植物纲 Dicotyledoneae

总论

1 丝绸之路与敦煌

1.1 丝绸之路概述

人类从 1 万年前的农耕文明萌芽开始，就一直在交流互鉴中不断成长。随着人类社会的发展，逐渐形成了四大古文明中心，即尼罗河中下游流域的古埃及文明，幼发拉底河—底格里斯河的两河流域文明，恒河—印度河流域的古印度文明，以及黄河—长江流域的中华文明。随着四大古文明的进一步发展壮大和交流互动，互通有无也逐渐从零星向目标性、规模化发展。

从先秦时期开始，连接中国与世界各方交流的通道就已经存在。尤其是随着汉王朝的兴盛，以张骞凿空西域为标志，通过国家行为打通与世界交流的大通道得以全面实现。中华民族历代王朝对西域的经略，为从陆上联通东西方打下了坚实基础。同一时期，我国沿海地区也出现了向外联通的海上交通线路。这条人类文明交流通道在唐代达到顶峰，从明代开始逐渐衰落。随着近代中国的百年沉沦，对于这条通道的记忆愈发模糊，研究更是少之又少。1877 年，德国地理学家费迪南·冯·李希霍芬（Ferdinand von Richthofen）在《中国：亲身旅行的成果及据此的研究》第一卷中首次提出了"丝绸之路"的概念，主要是指自张骞出使西域以后，兴盛于唐代的由长安（今陕西西安）至中亚的商业通道。广义的丝绸之路是指从上古开始陆续形成的遍及欧亚大陆，包括北非和东非在内的长途商业贸易和文化交流路线的总称；丝绸之路又分为陆上丝绸之路和海上丝绸之路。丝绸之路是古代中国与世界相互了解的窗口，是人类文化交流和文明进程的重要通道，是我国历史上最伟大的壮举之一。丝绸之路是人类文明交流史中，联通亚非欧大陆的重要纽带，其波及范围之广，使其成为对人类文明影响最大的交流通道之一。

1.2 丝绸之路文明交流

古代丝绸之路曾在人类文明交流史中写下了光辉的一页，其中陆上丝绸之路的开辟经历了一个较长的历史过程，在一定程度上成为古代东西方之间经济贸易、文化的交流与融合之路。我国的铸铁冶炼、凿井技术、四大发明、丝织工艺、漆器工艺等通过丝绸之路传遍世界各地；西方的皮革制品、药材、香料、珠宝进入我国，我国的丝绸、茶叶、瓷器运抵欧洲，极大地丰富了沿线各国人民的物质生活；佛教等宗教信仰也沿着丝绸之路来到中国，又蔓延到朝鲜半岛、日本和其他亚洲国家，促进了民族融合和艺术文化交流，推动了世界文明的进程。

在丝绸之路的文明交流中，佛教对东亚地区宗教信仰影响最大。佛教是公元前 6 世纪至前 5 世纪，释迦牟尼创建于古印度，在古印度地区历经几个世纪的发展后逐渐流行起来的（任继愈，1988）。在公元元年前后，佛教经帕米尔高原进入我国的新疆地区，后进一步深入中原腹地（赵凌宇，2009）。但任何文明的交流，都要经历碰撞、吸收、改造、融合、同化的过程。

佛教最初多被中国古代皇帝和少数贵族认可，后逐渐与中国传统宗教——道教互相共存（任继愈，1990）。公元 3 世纪至 6 世纪，印度佛教文化大规模东传，出现了印度佛教徒进入我国的高潮，不可避免地带来了佛教和汉文化的冲突，尤其是南北朝时期，发生了四次灭佛运动，但也出现了高僧西行求法，最为人们熟知的有东晋高僧法显和唐朝的玄奘法师。法显从长安出发，西行游历 30 余国，历时 14 年，从海路返回，在今山东即墨登陆，著有《佛国记》；唐代的玄奘法师，从长安出发，往返 17 年，著有《大唐西域记》（任继愈，1988；麻天祥等，2012）。此外，佛教也影响到了古代的社会生活，对我国的建筑、雕刻、塑像、绘画、文学、乐舞等领域都有影响。如佛教艺术中天马行空的想象力，催生出一大批志怪小说；佛教的绘画手法也给我国的绘画带来了新题材和新技法；佛教音乐也给我国带来了以天竺乐舞为代表的很多新内容。在公元 5 世纪至 8 世纪，中国的石窟寺开凿进入全盛时期，在内容上既有佛教的内容，又体现了汉文化慎终追远等精神内涵，此时为佛教与汉文化融合的阶段。继而在 10 世纪以后，佛教与汉文化完全融合，形成了儒释道三派并流的文化局面（罗华庆和李国，2020）。

中国封建王朝的更迭起落，古代丝绸之路的光辉也伴随着中华民族近代的百年沉沦风采尽失。新中国成立以后，大众对人类文明相互学习的渴望，一直伴随着我国经济社会的发展，积极汲取人类文明最优秀的成果成为社会共识。2013 年，习近平提出了"一带一路"倡议，古丝绸之路又焕发了新的生机。2014 年，中国、哈萨克斯坦和吉尔吉斯斯坦三国联合申报的陆上丝绸之路的东段"丝绸之路：长安—天山廊道的路网"被批准列入《世界遗产名录》。"十四五"时期，我国要加快构建以国内大循环为主体、国内国际双循环相互促进的新发展格局。随着 2023 年中国—中亚峰会的召开，丝绸之路必将再次成为人类文化交流和文明进程的重要通道。

1.3 丝绸之路上的敦煌

1.3.1 敦煌历史

敦煌一词最早见于《史记·大宛列传》，记载称："始月氏居敦煌、祁连间"，说明敦煌这个地名，在汉武帝设置河西四郡之前便已出现，自此历代相传，沿用至今。然何为"敦煌"，大致有两类释义，一者为东汉应劭首倡，后经历代发挥，其意为"敦者，大也；煌者，盛也"，此意流传颇广；二者为少数民族语的音译，至于源自何处，争论颇多。

敦煌地区南为三危山和鸣沙山，北为戈壁，中部为党河形成的冲积平原。敦煌在上古时期就已经有人类活动，也处在河西走廊发现的几十处新石器遗址形成的古文化范围内。目前，敦煌地区最早的文明遗址是大致在公元前 2000 ~ 前 1700 年的旱峡玉矿遗址；之后又发现了属于新石器时代的玉门市骟马文化（公元前 1000 年至汉代）（张相鹏，2022）。

先秦时期，敦煌是以游牧民族为主的多民族聚集区，先后有塞种胡人、乌孙、月氏、匈奴等在这里繁衍生息（杨宝玉，2011）。

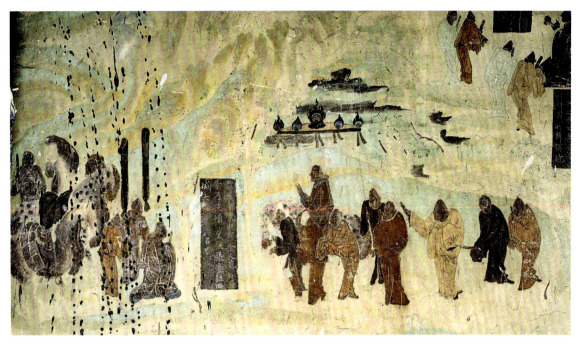

图1   莫高窟第323窟张骞出使西域图（初唐）

汉代以来，敦煌从荒僻边地逐渐发展成为东西方交流的前沿重镇，到汉武帝时期，为解决匈奴对汉王朝的威胁，汉武帝派张骞沿河西走廊，出使西域诸国，合击匈奴，开辟了延续千年的陆上丝绸之路（图1）。汉元狩二年（公元前121年）的两次河西之战，使汉王朝完全占据了河西走廊，随后设置了武威、张掖、酒泉、敦煌河西四郡，自此奠定了敦煌在中华文明史上的重要地位（《中华文明史话》编委会，2010）。

自敦煌纳入汉王朝版图以来，一直到曹魏、西晋时期，敦煌进入长达500余年的和平发展时期，据《汉书·地理志》的记载，敦煌郡管辖包括今敦煌市、玉门市西部、瓜州县、肃北蒙古族自治县和阿克塞哈萨克族自治县的部分地区，以及新疆的哈密市、焉耆回族自治县、库尔勒市、若羌县的一部分；曹魏时期，河西地区归其统辖，社会基本安定；西晋沿用曹魏旧制（胡戟和傅玫，1995）。这一时期，敦煌得到了极大的发展，除儒学兴盛以外，道教、佛教在敦煌地区已经十分盛行（杨宝玉，2011）。

随着西晋的衰落，敦煌地区进入了割据政权的纷争时代，从公元301年开始，先后被8个政权占据，持续了300余年，直至623年（唐武德六年），敦煌地区才完全被唐王朝所控制。敦煌在割据政权纷争的时代，成为中原儒士避祸的重要区域，敦煌地区儒学和佛教得到了很大的发展（姜德治，2009；杨宝玉，2011）。

进入唐朝，敦煌地区的文化绚烂多彩，儒学、道教、佛教在该地区已经十分流行，而景教、粟特人信奉的拜火教都在敦煌地区发展起来（刘永明，2016）。在这些宗教势力中，影响最大的当属佛教，也促进了莫高窟的大发展（党燕妮，2009）。安史之乱后，随着唐王朝的衰落，敦煌的社会经济受到了很大破坏，但佛教因受统治者的支持，得以发展壮大（党燕妮，2005）。848年（唐大中二年），敦煌进入了归义军时期，至1036年（北宋景祐三年）敦煌地区被党项族建立的西夏政权所掌控，随后进入了蒙元时期（董晓荣，2011）。明朝建立后，对敦煌地区实行羁縻政策，并未有效控制，直至 1715 年，清王朝逐渐扩张到敦煌及以西地区，使其重归中华版图（姜德治，2009）。清王朝覆灭后，历经民国，敦煌于 1949 年 9 月 28 日解放，新中国成立后，敦煌重回人民怀抱。从 848 年到 1949 年，1000 多年时间里，敦煌的光彩随着政权更迭，逐渐被黄沙掩埋，直到新中国成立，随着对莫高窟保护工作的启动，敦煌的辉煌才重现于世。

1.3.2　自然地理环境特征

据《甘肃省主体功能区规划》（2012 年）和《甘肃省生态功能区划》（2012 年）所述，敦煌石窟的区域气候属于温带大陆性气候，夏季酷热，秋季凉爽，冬季严寒，气候极端干旱。其中肃北蒙古族自治县的部分区域为国家重点生态功能区——祁连山冰川与水源涵养生态功能区，玉门市和瓜州县属于甘肃省限制开发区域—农产品主产区范围——河西农产品主产区，敦煌市属于甘肃省限制开发区域—重点生态功能区范围——敦煌生态环境和文化遗产保护区。敦煌的生态功能区属于内蒙古中西部干旱荒漠生态区（河西走廊干旱荒漠 - 绿洲农业生态亚区）和塔里木盆地荒漠生态区（塔里木盆地东部戈壁 - 流动沙漠生态亚区的交会地带）。该地区人口集聚度空间评价为低（0 ~ 100），自然灾害危险性评价为 I 级（低），生态重要性综合评价较低（0.12 ~ 0.24），生态系统脆弱性综合评价为略脆弱和脆弱，环境容量综合性评价为无超载，水系属于内陆河流域疏勒河水系。据《甘肃省人民政府关于划定省级水土流失重点预防区和重点治理区的公告》（甘政发〔2016〕59 号），该地区位于甘肃省省级水土流失重点治理区的内陆河流域省级水土流失重点治理区。

敦煌石窟在生物气候上，属于暖温极少雨全年旱季类型；年均温 7 ~ 10℃，最热月均温 ≥ 20℃，冷季均温在 0℃以下；年降水量 100 mm 以下，大多在 50 mm 左右，最热月降水量在 20 mm 以下，一般月降水量只有 10 mm 左右，表现出极端干旱的生境；全年霜期 150 ~ 200 天，≥ 10℃积温 3500℃，多年相对湿度约 25%（黄大燊，1997）。该地区基本呈现为砾质荒漠的戈壁景观，分布有稀疏的膜果麻黄 *Ephedra przewalskii*、白刺 *Nitraria tangutorum* 等；植被区划属于温带荒漠植被区域，自东至西依次为河西走廊东部温带荒漠植被区——走廊中部半灌木与灌木荒漠小区，河西走廊西部温带荒漠植被区——平原灌木 - 半灌木荒漠小区，河西走廊安敦盆地暖温带荒漠植被区；主要的植被类型由河谷向两侧依次为沼泽、草甸、草原、荒漠（中国植被编辑委员会，1980）。沼泽中心植被以芦苇 *Phragmites australis* 为主，向外以灯芯草属 *Juncus*、薹草属 *Carex* 植物为优势种；草甸植被以拂子茅属 *Calamagrostis*、赖草属 *Leymus*、芨芨草属 *Achnatherum* 植物为优势种，其间随水分变化，有骆驼刺 *Alhagi camelorum*、黑果枸杞 *Lycium ruthenicum*、白麻 *Apocynum pictum*、甘草 *Glycyrrhiza uralensis* 等为优势种的植物群落；荒漠化草原以禾本科 Poaceae（= Gramineae）、菊科 Asteraceae（= Compositae）植物为主，在沙质土壤和戈壁上，形成覆盖度极低的草原；荒漠以柽柳属 *Tamarix*、红砂属 *Reaumuria* 为优势物种，其间随地势变化，有猪毛菜属 *Salsola*、沙拐枣属 *Calligonum*、紫菀木属 *Asterothamnus*、麻黄 *Ephedra* 等物种。

敦煌石窟在植物地理区系上属于古地中海植物区—中亚荒漠亚区—喀什噶尔地区—西南蒙古亚地区。该亚地区东部、南部与黄土高原和蒙古草原接壤，有较多的草原成分侵入，一些青藏高原的成分也经祁连山侵入此地；西部十分干旱，年降水量少于 30 mm，植物种类贫乏，种类最多的为藜科 Chenopodiaceae（已并入苋科 Amaranthaceae）植物，亚洲中部荒漠的成分占优势（吴征镒等，2010；陈灵芝，2014）。

总之，该亚地区的区系起源古老，同时又联系着中国三大植物区系：欧亚草原亚区、中国—日本亚区和青藏高原亚区，因此区系成分较为丰富、复杂，是一个较特殊的区系亚地区（吴征镒等，2010；陈灵芝，2014）。

该地区的植物物种贫乏，以藜科、菊科、禾本科为主，分布区类型以地中海、西亚至中亚分布和北温带分布为主，水平地带性植被以荒漠植被型组为主，其间夹杂着少量的沼泽、草甸。

1.3.3　交通枢纽

作为古代中外交流的重要通道，不论是陆上还是海上丝绸之路，均有多条通道，甚至如网络一样互相交织、互相联通。在这其中，总有一些重要的节点，在丝绸之路交通中发挥了重要作用，如长安是丝绸之路的起点，敦煌是丝绸之路的"咽喉"之地（宋淑霞，2021）。

敦煌的地理位置十分重要，它东接中原，西邻今新疆，自汉武帝时期以来，就一直是中原通往西域的交通要道和军事重镇。从敦煌出发向东，通过河西走廊就可到达古都西安、洛阳。从敦煌西出阳关，沿昆仑山北麓，经若羌（今新疆吐鲁番鄯善县）、且末、于阗（今新疆和田地区）至莎车，穿越葱岭（今帕米尔高原）可进入大月氏、安息等古国，这条通道就是著名的丝绸之路的南道；而从敦煌出玉门关北行，沿着天山南麓，经车师前王庭（今新疆吐鲁番地区）、焉耆（今新疆焉耆回族自治县附近）、龟兹（今新疆库车地区），到达疏勒（今新疆喀什地区），然后越葱岭，进入大宛、康居、大夏等地（具体位置不可考，今中亚一代），这条通道就是丝绸之路的北道。隋唐时期，由于中外经济文化交流加强，在原丝绸之路北道之北又出现了一条新北道，即出敦煌至伊吾（今新疆哈密地区），再经蒲类（今新疆巴里坤）、铁勒部（具体位置不可考，今新疆境内），过今楚河（今吉尔吉斯斯坦北部）、锡尔河（今流经乌兹别克斯坦、塔吉克斯坦和哈萨克斯坦三个国家）而达西海（今地中海），其在我国境内大致是沿着天山北麓而至中亚（杨宝玉，2011）。

敦煌总扼两关（阳关、玉门关），控制着东来西往的商旅。而丝绸之路的三条道路都发自敦煌，然后经"西域门户"伊吾、高昌（今新疆吐鲁番地区）、鄯善而达中亚、欧洲。敦煌不仅是中西方贸易中心和中转站，还是多元文明的交汇处，也因此被称为"华戎所交一都会"（杨宝玉，2011）。古丝绸之路兴盛和繁荣发展的 1000 余年，促进了东西文明的交融荟萃，催生了佛教艺术宝库——敦煌石窟，不论丝绸之路分为几条道路，其走向如何变化，敦煌都是唯一不变的吐纳口，在中西交通中处于重要地位并发挥枢纽作用。

2 敦煌石窟及其价值

2.1 石窟营建

敦煌石窟，是指在古敦煌郡、晋昌郡（今甘肃酒泉市、嘉峪关市）佛教石窟寺的总称，其中以敦煌莫高窟、瓜州榆林窟为主要代表（杨宝玉，2011）。这些石窟均开凿在河谷两岸或者山麓崖面上，主要分布于敦煌市、瓜州县、玉门市、肃北蒙古族自治县的一系列大小盆地和平原中，在这些区域内呈点状分布，包括敦煌市的莫高窟、西千佛洞，瓜州县的榆林窟、东千佛洞、水峡口下洞子石窟，肃北蒙古族自治县的五个庙石窟、一个庙石窟，玉门市的昌马石窟等（图2）。因其主要石窟莫高窟位于古敦煌郡，各石窟的艺术风格同属一脉，且古敦煌又为两郡之政治、

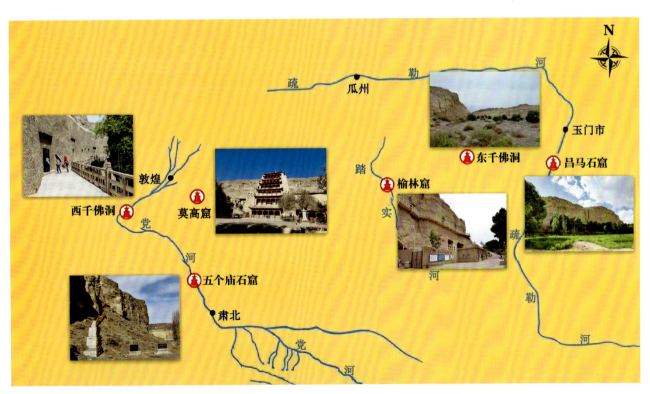

图2 敦煌石窟分布示意图

经济、文化中心，故统称敦煌石窟（杨宝玉，2011；樊锦诗等，2019）。

关于敦煌石窟创建的时代，尚存在一些争议，唐代圣历碑的碑文对此有比较清晰的记载：莫高窟者，厥初秦建元二年（366 年），有沙门乐僔，戒行清虚，执心恬静。尝杖锡林野，行至此山，忽见金光，状有千佛，遂架空凿岩，造窟一龛。敦煌石窟主要由建筑、雕塑和壁画三大部分组成，这三部分既相互独立，又相互补充（樊锦诗等，2019）。

目前，莫高窟遗存的洞窟最早开凿于北凉，现遗存南北朝时期洞窟约 30 多个，隋代洞窟 90 余个，唐前期洞窟 120 余个，唐中期洞窟 40 余个，唐晚期至五代十国时期洞窟 120 余个。进入西夏、蒙元时期，开凿较少，以修补前代洞窟为主，元代以后，敦煌地区的石窟营造遂告消亡（王惠民，2020）。

敦煌莫高窟的建筑艺术、壁画技法、内容题材、石窟形制等，沿着历史脉络，能清晰地呈现：早期承袭印度石窟特点；进入隋唐后，洞窟中国化特征显著，佛像、壁画雍容大度，神采非凡；唐晚期至五代十国，洞窟的形制、布局逐渐程式化；到了西夏、蒙元时期，佛教密宗艺术兴盛，民族风格浓郁，绘画技法多样圆熟（樊锦诗等，2019）。

莫高窟以外的其他石窟遗存不多，但各有特点。敦煌西千佛洞现遗存北魏、西魏、北周至元代的遗存洞窟 22 个，彩塑壁画数量较少。瓜州榆林窟约始凿于北魏，现遗存洞窟 42 个，以吐蕃时期的第 25 窟和西夏时期的第 2、第 3 窟艺术价值最高。瓜州东千佛洞是西夏以后开凿的以佛教密宗为主的石窟群，遗存洞窟仅 8 个。瓜州水峡口下洞子石窟遗存洞窟仅 8 个。肃北五个庙石窟始凿于北朝时期，遗存洞窟仅 4 个。肃北一个庙石窟始凿于北朝或隋末唐初时期，遗存洞窟仅 2 个，为曹氏归义军时期的壁画。玉门昌马石窟遗存洞窟仅 11 个，其中 4 窟遗存壁画和尊像，为北凉至西夏时期作品（杨宝玉，2011；樊锦诗等，2019）。

酒泉地区在清朝经济文化衰落，亦不是要塞重镇，无人关注该地区的发展。直至清末，1900 年，道士王圆箓发现了藏经洞，遂用经卷换钱，使藏经洞的文物在西北地区流散开来（樊锦诗等，2019）。自此之后，敦煌经卷多次遭到国内外各色人等的洗劫，从清朝到民国，国力孱弱，敦煌莫高窟的各类文物流散严重。敦煌莫高窟的艺术珍品逐渐流失海外，引起了社会各界的广泛关注。在各方的呼吁下，国民党政府于 1940 年派驻保安队进驻莫高窟，结束了莫高窟由僧侣守护的历史。随后，国内著名画家、学者、艺术家等纷至沓来，1941 年秋，国民政府监察院院长于右任赴西北地区视察，当年 12 月结束视察回到重庆后，他撰写了《建议设立敦煌艺术学院》，以书面形式向国民政府提建议设立"敦煌艺术学院"，翌年国民党政府决定成立研究所。同一时期，国立中央研究院组织"西北史地考察团"，考察团成员、北京大学著名学者向达于 1942 年春经河西走廊到达敦煌，考察结束后向达发表文章《论敦煌千佛洞的管理、研究及其连带的几个问题》，文中提出将千佛洞收归国有，由学术机构进行管理，并开展研究工作等建议。此文一经发表，激起千层浪，直接推动国立敦煌艺术研究所（敦煌研究院前身）的成立。1943 年 3 月 24 日，受国民党政府邀请，常书鸿先生一行到达敦煌，成立国立敦煌艺术研究所筹备委员会，1944 年 1 月 1 日国立敦煌艺术研究所正式成立，常书鸿先生任首任所长。1945 年 9 月抗日战争胜利后，国立敦煌艺术研究所被撤销，1946 年 5 月又得以恢复，改隶国立中央研究院，更名"敦煌艺术研究所"。1949 年 9 月 28 日，随着敦煌的解放，敦煌石窟的保护和研究迎来了新的历史阶段（敦煌研究院，2020）。

莫高窟（含西千佛洞）、榆林窟于 1961 年 3 月被国务院公布为第一批全国重点文物保护单位，1987 年 12 月联合国教科文组织第十一届全体会议审议批准将敦煌莫高窟列入《世界遗产名录》。1996 年 11 月，国务院公布第四批全国重点文物保护单位时，东千佛洞石窟被归入已公布的全国重点文物保护单位的榆林窟中。五个庙石窟于 2013 年 5 月被国务院公布为第七批全国重点文物保护单位。昌马石窟于 2019 年 10 月被国务院公布为第八批全国重点文物保护单位（敦煌研究院，2020）。

党的二十大报告中指出，全面建设社会主义现代化国家，必须坚持中国特色社会主义文化发展道路，增强文化自信，围绕举旗帜、聚民心、育新人、兴文化、展形象建设社会主义文化强国，发展面向现代化、面向世界、面向未来的，民族的科学的大众的社会主义文化，激发全民族文化创新创造活力，增强实现中华民族伟大复兴的精神力量。敦煌文化集建筑艺术、彩塑艺术、壁画艺术、佛教文化于一身，历史底蕴雄浑厚重，文化内涵博大精深，艺术形象美轮美奂，是世界文明长河中的一颗璀璨明珠，也是研究我国古代各民族政治、经济、军事、文化、艺术的珍贵史料（樊锦诗等，2019）。因此，把莫高窟保护好，把敦煌文化传承好，把敦煌文化研究好，是中华民族为世界文明进步应负的责任，也是我国文化自信的具体体现。

2.2　石窟价值

敦煌石窟营建的 1000 余年历程，时值中国历史上自两汉以后长期分裂割据，继而走向民族融合、南北统一，臻于大唐之鼎盛，又由巅峰而式微的重要发展时期。在此期间，正是中国艺术的程序、流派、门类、理论的形成与发展时期，佛教美术艺术的传入使之成为中国美术艺术的重要门类。因此，敦煌石窟艺术价值极高，其绵延千年，内容丰富，数量巨大，其艺术形式既继承了本土汉晋艺术传统，吸收南北朝和唐宋美术艺术流派的风格，又不断接受、改造、融合域外印度、中亚、西亚的艺术风格，向人们展示了一部佛教美术艺术史及其中国化的渐进历程，敦煌石窟还是中原艺术与西域艺术往来交流的历史记载，对研究中国美术史和世界美术史都有重要的意义（樊锦诗等，2019；王惠民，2020）。

敦煌石窟营造历史过程较长，与当地的社会生活密切相关。敦煌石窟中有上万个供养人画像，以及 1000 多条题名和结衔，为研究敦煌地区有影响的世族与大姓，以及敦煌同周围民族与西域的关系提供了许多历史图像和历史线索。其壁画的内容涉及古代经济生活的状况，古代军队操练、出征、征伐、攻守的作战图（图 3），古代体育竞技资料，佛教故事，神话人物，以及印度、西亚、中亚等地区的内容，具有很高的历史研究价值。如榆林窟第 25 窟北壁西侧的《耕稼图》，表现的是弥勒菩萨从兜率天下生阎浮提，于龙华树下成佛，大地一片净土的情景。莫高窟第 445 窟《弥勒经变》中的"一种七收图"展示了"雨泽随时，奋稼滋茂，不生草秽，一种七获，用功甚少，所获甚多。"反映唐朝北方农业生产场景的代表作（图 4）。莫高窟第 431 窟中的《胡人驯马图》则展示了古代敦煌地区畜牧业的发展情况（图 5）。壁画中还出现了商贸、酿酒、粮油加工、皮草制作、兵器制造等手工业场景的画面。所有这些画面，都再现了敦煌地区农业、畜牧业、商业、手工业的发展状况，为人们提供了难得的图像资料（韩文君，2021）。因此，敦煌石窟具有很高的历史价值和社会价值，堪称古代敦煌地区的百科全书，可帮助了解古代敦煌社会生活多个方面的状况，如区域政治状况，以及河西走廊的佛教思想、宗派、信仰、传播，佛教与中国传统文化的融合和佛教中国化的过程等（图 6～图 9）。

敦煌作为中西交通的枢纽，在壁画上不仅留下了商旅交往的活动情景，还留下了宝贵的交通工具、生活器具等形象资料，如中国独有的独轮车、马套挽具（胸带挽具和肩套挽具）、马镫、马蹄钉掌等珍贵的图像数据，为后世研究提供了很好的参照，具有很高的科技价值（韩文君，2021）。

此外，敦煌石窟还保留了大量的文书、写本、绢画、丝织品等珍贵的历史资料和优秀典籍，涉及古代政治、经济、军事、天文、历史、地理、文学、艺术、医药、科技以及中西文化交流等方面，包含语言学、考古学、民族学、宗教学、文学、艺术等类别，是研究古代中国历史文化极为珍贵的文献资料（杨富学，2021）。这些资料的主体是宗教典籍，如佛教禅宗早期的经典《六祖坛经》、道教经典《道德经》和《老子化胡经》，还有外来宗教的经典《旧约圣经》《摩尼广法议略》等。此外，还包括许多户籍、名籍、名牒、地亩和契约等公私文书，涉及人口、物价、借贷、税赋、土地关系等诸多方面；再有就是文学作品，包括宗教文学作品、俗世文学作品等（王志鹏，2021）。在一些文献中还发现了如藏文、粟特文、于阗文、梵文等语言的文

图3 莫高窟第12窟《法华经变》中作战图（晚唐）

图 4　莫高窟第 445 窟《弥勒经变》中"一种七收图"

图 5　莫高窟第 431 窟《胡人驯马图》

本、写经，对于研究语言来源变迁具有重要的文化价值（樊锦诗等，2019）。可以说，这些资料是古代社会文化的原始记录，反映了古代社会多方面的真实面貌，是名副其实的文化宝藏。

因此，敦煌石窟的文物遗存，不仅反映了中国古代精湛艺术的高超水平和有关时代绘画雕塑艺术发展的历史，还在不同程度上提供了中国，尤其是河西及敦煌地区古代有关宗教信仰、思想观念、政治斗争、民族关系、中外往来、社会生活、民情风俗、生产技术、建筑服饰、刀兵甲胄、典章文物等发展演变的形象资料，具有珍贵的艺术、历史、科学、社会和文化价值，是世界上现存规模最大、连续修建时间最长、内容最丰富的佛教石窟群。

图 6　莫高窟第 23 窟北壁《法华经变》之雨中耕作图（盛唐）

图 7　榆林窟第 2 窟水月观音像（西夏）

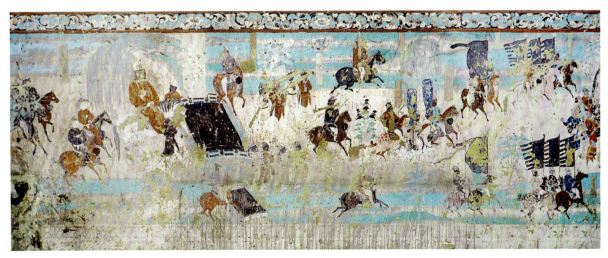

图 8　莫高窟第 156 窟张议潮出行图局部（晚唐）

图 9　莫高窟第 57 窟南壁观音菩萨（初唐）

3 敦煌石窟的保护

3.1 石窟保护历史

敦煌石窟的保护由来已久，查阅藏经洞文献与莫高窟、榆林窟等石窟资料，发现其中有大量古代敦煌文物保护的事例，涉及敦煌历代祠庙寺观维修、崖面加固、洞窟维修、清沙扫窟、佛经修补等多个方面（沙武田和汪万福，2012）。另可据此探讨与古代敦煌文物保护相关的工作，如保护工作的招待活动、所需材料、工作场所及古代敦煌人的文物保护理念等诸多问题，均对我们今天的文物保护工作有一定的借鉴意义和参考价值。

敦煌石窟开凿至今已有 1600 多年的历史，这些珍贵文物保存至今，除了古代做了一定的修缮和维护外，作为宗教场所，僧侣等信徒们的供养、维护对这些石窟寺文物的保存也起到了较大的保护作用。敦煌石窟历经千百年漫长岁月，受自然和人为因素的影响较大，特别是 15 世纪以后，明朝政府封闭嘉峪关，敦煌遂成为关外荒芜之地，敦煌石窟被遗弃在大漠深处无人问津，任其自然坍塌、风沙侵蚀、日晒雨淋，偶有偷盗掠夺，时有烟熏毁坏，敦煌石窟荒凉破败，满目疮痍，石窟文物安全岌岌可危，敦煌石窟几经蹂躏，由盛而衰，逐渐被湮没，至 20 世纪，神圣的艺术殿堂已有洞窟坍塌、崖体裂隙、塑像倾倒等状况，以及壁画脱落、起甲、酥碱等多种病害。

直到 1944 年，专门的保管和研究机构——国立敦煌艺术研究所成立，古老的遗址才翻开了新的历史篇章，敦煌石窟的有效保护得到高度重视，以及相关国际组织的广泛关注。

新中国成立后，莫高窟的保护一直受到党和国家领导人的高度重视和亲切关怀，周恩来总理曾亲自做出批示。1961 年，文化部会同中国科学院等单位，组成专家组对敦煌文物保护的现状和存在问题进行现场考察后，明确指出崖体稳定性不佳、强烈的崖面风蚀及风沙危害是敦煌文物保护工作这一时期需要解决的主要问题，必须引起高度重视，随后制定了《1956～1966年敦煌艺术研究所全面工作规划草案》，使敦煌石窟的保护研究工作走上正轨。回顾敦煌石窟的保护历程，大致经历了看守时期（1944～1950 年）、抢险加固时期（1950～1980 年）、科学保护时期（1980 年～）和预防性保护时期等几个重要阶段。下面就敦煌石窟保护的几个重要阶段总结如下。

1. 看守时期（1944 ～ 1950 年）

1944 年，在专家学者们的疾呼和国民党有识之士的积极倡议下，国立敦煌艺术研究所成立，研究所担负起保护和研究的双重任务。其间虽然也做过一些小修小补的工作，如清除流沙，修建洞窟间的临时栈道，安装了少量洞窟窟门，制定洞窟管理规则等，并于 1944~1945 年修筑了莫高窟中寺至下寺的保护围墙，但当时受人力、财力的限制，所做的一些保护工作基本上只能达到一定的看守作用（李最雄，2004）。

2. 抢险加固时期（1950 ～ 1980 年）

国立敦煌艺术研究所于 1950 年更名为敦煌文物研究所，当时石窟的保护工作尚处于防止盗窃、防止人为刻画等防止人为破坏的管理状态。1951 年，文化部委托清华大学、北京大学、古代建筑修整所的古建、考古等方面的专家勘察莫高窟保护现状，制定保护规划，对 5 座唐宋窟檐做了详细勘察测绘，并进行了复原整修。其中第 427 窟、431 窟、444 窟窟檐拆换了部分窟外糟朽的檩椽，第 437 窟落架按原状重修，并添配了门窗，使几座珍贵的古代木构建筑得到了初步的保护。1954 年，为了进一步防止木构窟檐的风化，又对第 427 窟、431 窟、437 窟、444 窟窟檐普遍涂刷了二遍酚醛清漆。1956 年，对莫高窟南区第 248 窟至 260 窟段，约 60 m 长的岩体以块石柱支顶建造木栈道的工程措施进行了实验加固（李最雄，2004）。

3. 科学保护时期（1980 年～）

从 1980 年开始，莫高窟的文物保护工作进入了科学保护的新时期，此阶段的主要工作包括：进行了工程地质与环境调查；环境监测及环境质量评价；用新技术、新材料加固石窟；综合性防治风沙；研究壁画彩塑病害机理、修复材料及工艺并进行修复；研究应用计算机数字化信息技术，对珍贵的壁画资料进行高保真、永久的保存；随着日益剧增的参观者对洞窟壁画带来的影响，研究洞窟游客最大承载量；采用计算机技术建立石窟文物档案、工程档案和保护修复档案；全面进行国内、国际合作保护莫高窟石窟文物（李最雄，2004）。

2019 年 8 月 19 日，习近平总书记前往莫高窟考察，在洞窟内察看历史悠久的彩塑、壁画时，他强调，要十分珍惜祖先留给我们的这份珍贵遗产，坚持保护优先的理念，运用先进科学技术提高保护水平，将这一世界文化遗产代代相传。他在敦煌研究院座谈讲话中提出，希望大家再接再厉，努力把研究院建设成为世界文化遗产保护的典范和敦煌学研究的高地。这给我们进一步做好敦煌石窟文物保护利用传承指明了方向，提供了遵循。

3.2　石窟危岩体加固

由于敦煌石窟基本开凿于第四纪酒泉系砾岩地层中，胶结物以钙质为主，其次为泥质，岩性干燥，力学强度低，极易风化。在长期的风蚀和雨蚀作用下，一方面，上层洞窟的窟顶日益变薄，陡峭崖壁下部悬空形成危岩，对洞窟的长期稳定性构成严重威胁；另一方面，产生的危岩坍塌和剥落的砂石下坠，危及窟区下部文物和人员的安全。为此，在历史上莫高窟开展过 3 次较大的石窟岩体加固工程。

1. 南区抢险加固工程

1962 年，文化部报经国务院批准开展莫高窟抢险加固工程，国家拨付专项资金 100 多万元，先进行勘测，1963 年加固工程正式开工。整个工程采用了重力挡墙"挡"、梁柱"支顶"和清除危岩"刷"的工程措施，对莫高窟的崖体进行了加固。至 1966 年秋完成了第一至第三期石窟加固工程，共加固崖壁长 576 m、洞窟 354 个。1984 年，经国家文物局批准，进行了莫高窟南区南段的第四期加固工程，加固了第 130 至第 155 窟 26 个洞窟长达 172 m 的崖面，加上 1956 年进行的试验性加固工程，总计加固崖壁长 798 m、洞窟 407 个，分别占南区崖壁的 84% 和洞窟总数的 82%。所有经加固的崖壁和洞窟 30 多年来尚未发生过坍塌、倾覆等地质病害。1984 年，国家文物局批准了西千佛洞加固工程方案，采用与莫高窟相同的挡墙支顶的方式进行加固。1987 年，历时三年的西千佛洞石窟加固工程全部竣工，共加固了长 174 m 的崖面，架设了通往 15 个洞窟的崖面通道和水泥栏杆（孙儒僩，1994）。

2. 北区抢险加固工程

莫高窟北区崖面长 700 多米，开凿有石窟 248 个，除第 461 至第 465 窟外，其余均无壁画塑像。北区的地层为第四系上更新统酒泉组砾岩夹砂透镜体，接触式胶结，胶结物为钙质和泥质，岩性干燥，透水性极强，孔隙率大，力学强度较低。北区崖顶 45° 斜坡，坡宽约 30 m，覆盖一层较厚的风积沙、砾石。层理清晰，多为水平中、厚层砾岩，夹有薄层或透镜体状的细砂岩。由于长期没有采取有效的保护加固措施，出现了岩体坍塌、崖面严重风蚀剥落、裂隙发育明显、雨水冲沟分布广泛等问题。在借鉴莫高窟南区加固工程成功经验的基础上，采用支顶、锚索锚固、裂隙灌浆、高模数硅酸钾溶液表面加固等工程措施，有效解决了崖面风蚀与崖体稳定性的问题。

3. 莫高窟南区崖体与栈道加固工程

石窟南区崖面风化日益严重，个别上层洞窟窟顶变薄，甚至产生裂隙，降水入渗导致这些洞窟窟内壁画产生酥碱、疱疹等病害，威胁着洞窟壁画的保存；崖面落石、流沙等现象时常发生，影响了莫高窟的开放；20 世纪 60 年代进行崖体加固时，受当时技术所限，没有对所有裂隙进行封闭，一些裂隙发育将崖面切割形成一些危岩体，对石窟保存不利；栈道狭窄、扶手低矮，存在安全隐患。针对上述问题，采取支顶、锚索锚固、裂隙灌浆、高模数硅酸钾溶液表面加固、栈道加宽、护栏加高等工程技术措施，解决了南区崖面风蚀、崖体稳定性及游客参观安全及舒适度等问题。

3.3　莫高窟区域风沙环境综合治理

莫高窟地处我国八大沙漠之一的库姆塔格沙漠东南缘和鸣沙山东麓，属于极端干旱的内陆荒漠地带，区域内风力强劲，沙源丰富，气候干燥，以积沙、风蚀、粉尘及沙丘移动为主的风沙灾害是其保存长期面临的主要环境问题，可以说自从乐僔开凿第一个洞窟以来，风沙就一直是威胁洞窟安全保存的主要因素之一。早在五代时期，风沙就已危及洞窟的安全，有清沙功德碑为证。例如，《推沙扫窟重饰功德记》（P. 2641 Ⅵ）记载，戊申年（948 年）冬天，安某和家人在莫高窟巡查洞窟时，第 129 窟由于长时间无人管理，窟内积沙很厚，因此"推沙扫窟"成了首要任务，然后再重新补绘。这应该是古代洞窟清沙与重修相结合的典型案例。20 世纪 40 年代，石窟最低层洞窟大部分埋没在沙中。另据监测，莫高窟前每年积沙约 3000 m³。这样大量的积沙，不仅严重磨损污染壁画，也对窟区的环境造成污染，大量积沙为旅游者的参观带来不便。为此每年花费相当大的财力、人力进行清沙，同时，风沙流的强烈吹蚀、剥蚀作用，致使洞窟遭受"薄顶"之灾，直接危及壁画的保存。因此，风沙灾害治理一直是莫高窟文物保护的一项重要工作。在制定《1956 ～ 1966 年敦煌艺术研究所全面工作规划草案》时，防沙、清沙工作被列入石窟保护和修缮重点工程项目中。在中国科学院治沙队指导下编制的《莫高窟治沙规划》提出，在窟顶设置以尼龙网栅栏、砾石铺压、生物及化学防治工程措施为主的多种防治试验。

莫高窟风沙灾害治理一直在实践中探索，在探索中发展，在发展中不断完善，艰难地走过了近 80 载。回顾总结莫高窟风沙危害的治理，按照各个阶段的病害特征及防治工作重点，可将其归结为三个时期。

第一个时期：以清除洞窟积沙为主，时间上可划分到 20 世纪 70 年代。这一阶段的主要特点是清除窟内和窟区积沙，在窟顶崖面及窟区等区域设置了以阻为主的零星试验工程。例如，1951 年前后在 100 多个洞窟安装了木门，清理了 300 多个洞窟及窟区的积沙。在窟前设置草方格沙障及种植防护林带，在窟顶崖面修筑挡沙墙、开挖输沙沟、扎设防沙栅栏等，但由于种种原因，防沙的效果不佳，甚至一些工程措施由于设置位置不当造成新的隐患，后来被迫拆除。

第二个时期：从 20 世纪 80 年代初至 90 年代末。在窟顶设置了全自动气象站，开始对莫高窟区域环境要素，特别是风况等进行系统监测。1990 年，敦煌研究院与中国科学院兰州沙漠研究所合作，在美国盖蒂基金会的支持和盖蒂保护研究所的直接参与下，通过对莫高窟 1989 ～ 1990 年全自动气象站风况资料统计分析，结合窟顶戈壁风沙流运动的观测资料，在窟顶戈壁区设置了"A"形尼龙网栅栏进行阻沙，有效控制了偏西风向洞窟 95% 搬运沙量，洞窟前夜间积沙比设置栅栏前减少 60%。1989 年，在窟顶崖面附近进行化学固沙试验，筛选出以高模数硅酸钾溶液为主的化学固沙材料，有效防止了崖体的进一步风蚀。1992 ～ 1993 年，引进滴灌技术，选择耐旱抗寒的乡土沙生植物细枝岩黄耆 *Hedysarum scoparium* 和梭梭 *Haloxylon ammodendron* 等，先后在鸣沙山脚下进行植物固沙试验并取得成功，但由于规模小，造成林带内积沙严重，滴灌设备亦被流沙掩埋。

第三个时期：从 21 世纪初至今。针对第二个时期出现的戈壁区尼龙网栅栏两侧严重积沙、植物固沙规模过小等实际问题，在窟顶南端开挖输沙沟，开始探索进一步扩大植物固沙范围，在林带前沿设置高立式尼龙网栅栏，开展草方格沙障固沙试验研究。2002 ～ 2003 年，在林带前沿设置草方格沙障，在有效稳定地表、增加地表粗糙度的同时，阻止了大量流沙进入林带，随后又开展了窟顶戈壁砾石防护试验，形成了工程固沙实验区，并取得突破性进展。这一时期，众多学者在实地考察的基础上，就如何根治莫高窟风沙危害提出了许多新见解，如我国沙漠科学的开拓者和奠基人朱震达先生实地考察后认为，要彻底解决莫高窟的风沙危害问题，必须建立一个综合的防护体系（朱震达，1999）。后来，通过多年的野外观察，结合风洞实验，汪万福等（2005）提出了以固为主，固、阻、输、导相结合的莫高窟风沙防治原则，并就综合防护体系设计布局进行了探讨。

2003 年 11 月 13 ~ 14 日，在莫高窟召开敦煌莫高窟风沙危害综合防护体系建立研讨会，与会专家在实地考察、听取项目组汇报的基础上，明确了莫高窟风沙治理的指导思想，即坚持以固为主，固、阻、输、导相结合的风沙防治原则，需要建立一个以机械和生物措施为主，兼顾化学固沙的综合防护体系。在此基础上，敦煌研究院会同中国科学院寒区旱区环境与工程研究所、甘肃省林业规划设计研究院、甘肃省治沙研究所等单位共同编制了《敦煌莫高窟风沙危害综合防护体系防护工程初步设计方案》，该项目也被纳入敦煌莫高窟保护利用工程子项目——风沙防护工程。2008 年 12 月 18 日项目正式开工，采用砾石铺压技术、不同地形地貌麦草方格扎设技术、植物固沙及滴灌系统自动变频控制技术等综合技术措施，完成砾石铺压 1 677 650 m²，扎设麦草方格沙障 1 170 182 m²，建立高立式栅栏 6680 m。随着防护工程的全面实施，一个多层次、多功能的综合防护体系逐步建成并得到完善，以风蚀、积沙为主的直接危害基本得到遏制，有效缓解了风沙对莫高窟文物本体及环境的危害，取得了较好的效果。该项目构建了中国文化遗产保护从价值认知到保护原则，再到保护实践的完整体系。

加强荒漠化综合防治，深入推进重点生态工程建设，事关我国生态安全、事关强国建设、事关中华民族永续发展，是一项功在当代、利在千秋的崇高事业。因此，敦煌石窟遗产保护和生态环境治理应全面、系统地开展，统筹山（鸣沙山、三危山）、水（宕泉河）、林（天然灌木、乔木等）、草、戈壁及沙漠等系统综合治理，最大程度降低风沙（尘）、洪水及岩体水盐对文物的危害，进一步提升莫高窟全方位立体型预防性保护体系及旅游生态环境质量，实现人与自然、文化遗产的和谐共生，促进区域生态文明建设，为讲好敦煌石窟的多彩故事提供坚实保障。

3.4　壁画彩塑保护修复

壁画、彩塑为石窟文物中最精美、最能代表石窟价值的部分。不同地域、不同时代的石窟壁画其制作材料、工艺、绘画艺术等均有较大差别，具有地域和时代特点。石窟壁画经过成百上千年的历史变迁，受所处气象环境、地质环境、水文环境等多种自然因素和人为因素的共同影响，产生了多种类型的病害，其中颜料层龟裂起甲、粉化、脱落，地仗层酥碱、空鼓等是典型的壁画病害。如何更好地延长石窟壁画的寿命并传于后世，是摆在文物科技工作者面前的主要任务，需要不同领域的专家形成合力集中攻关，破解石窟壁画保护中的关键科学问题和技术难题。

21 世纪以来，随着我国综合国力的增强，国家在文化遗产保护传承利用方面的投入逐年加大，新时代中国特色的石窟文物保护理念不断完善，保护技术逐渐成熟，管理水平有较大提升，形成了石窟壁画保护的成套技术并开始推广应用到丝绸之路沿线的同类遗产保护中。以敦煌石窟壁画保护为例，总体上经过了从 20 世纪 40 年代看守防护时期的"不偷不盗""不塌不漏"，到 60 年代抢救性保护时期的"先救命，再治病"，再到 80 年代科学保护时期的"究病理，治根本"，以及 21 世纪初预防性保护理念时期的"险情可预报，防护可提前"的过程。从保护工作程序上，由最初"发现病害—直接加固修复"的过程逐步转为"发现病害—分析病害成因—实验室研究试验—现场试验—加固修复—效果评估"的全过程。对典型的石窟空鼓病害壁画的

图 10　莫高窟第 85 窟壁画保护修复项目

保护技术经过了"边沿加固—揭取回贴—十字铁板锚固—十字有机玻璃板锚固—灌浆结合锚杆锚固加固"的发展演变，对石窟壁画酥碱病害的保护技术从最初的酥碱病害壁画渗透加固到多次脱盐加固，发展至壁画修复的全部介入材料进行脱盐处理，基本做到全过程的科学控制，确保壁画保护修复质量（汪万福等，2015a）。

可以说，先进的保护理念是石窟壁画科学保护的灵魂，科学系统的保护程序和成熟的保护技术是先进理念体现到保护实践全过程的基础。敦煌石窟壁画的保护始于 1956 年，当时常书鸿先生等用一种特别的合成胶与丙酮溶液在壁画残片上做了第一次保护壁画的试验。1957年，文化部邀请捷克专家戈尔来莫高窟开展壁画修复试验，传经送宝，引进"打针修复法"。1962 ~ 1963 年，在中国文物研究所胡继高先生的帮助下，段文杰先生、李云鹤先生等用聚乙烯醇和聚醋酸乙烯乳液进行起甲病害壁画等的修复加固，一直沿用到 20 世纪 80 年代。1997 年，在国家文物局的指导下，敦煌研究院与美国盖蒂保护所合作开展的莫高窟第 85 窟保护项目（图 10），应该说是敦煌莫高窟壁画保护修复的一个里程碑，取得了一系列的重要进展（汪万福，2022）。

通过莫高窟第 85 窟保护修复项目实践，按照壁画保护的特点，总结形成了一套古代壁画保护程序（图 11）。具体包括：调查（包括普查、复查和重点调查）、评估（包括价值评估和现状评估等）、保护对策（包括现状描述、环境监测、制作材料和工艺研究、病害机理研究、修复材料与工艺筛选、展陈方案及保存建议）、措施实施［包括病害治理（表面病害、结构病害及支撑体更换）、专项展陈和档案管理］、日常管理与维护（包括日常监测、环境控制、保养维护、保护利用和效果评估等）。

3.5　石窟文物数字化保护

敦煌莫高窟的文物无与伦比，但洞窟狭小、文物材质脆弱、病害频发，为了让敦煌壁画、彩塑信息永久被保存和利用，敦煌研究院紧跟信息技术变革的时代步伐，率先在国内文博界进行文物数字化保护技术的探索研究。

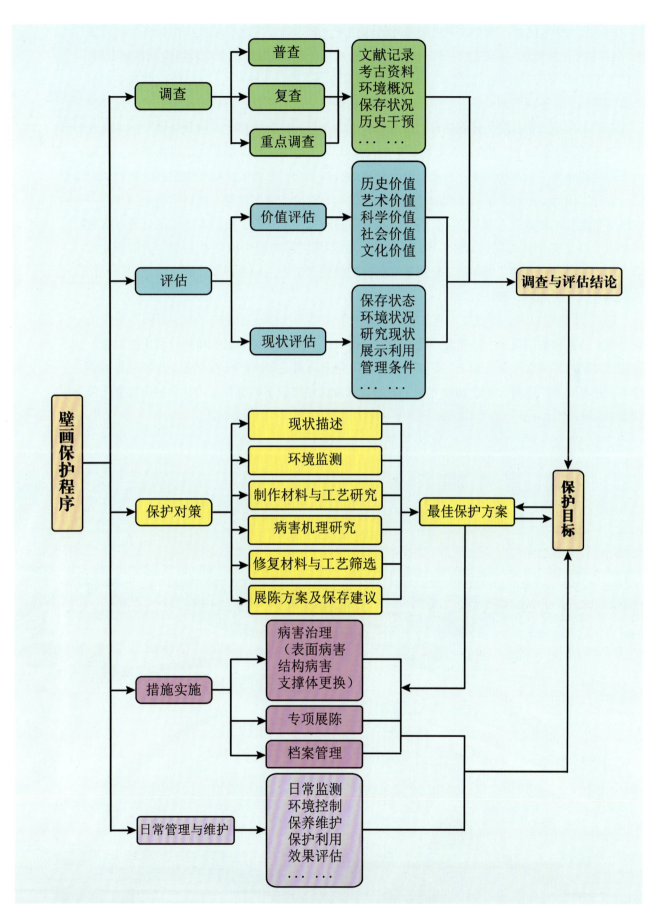

图 11　古代壁画保护程序

　　20 世纪 90 年代初，随着数字化影像时代的到来，敦煌研究院名誉院长樊锦诗先生首次提出"数字敦煌"的概念，旨在通过计算机和数字化技术永久地、高保真地保存敦煌壁画档案资料，并将数字化影像用于敦煌石窟艺术的保护、研究和弘扬工作。1996 年，敦煌研究院与中国科学院兰州冰川冻土研究所、长春光学精密机械与物理研究所、北京计算机技术研究所合作开展"九五"国家重点科技攻关计划项目"濒危珍贵文物信息的计算机存贮与再现系统"和 863 计划"曙光天演 Power PC 工作站在文物保护中的应用"，这些研究提高了近景摄影测量、几何纠正和色彩还原等方面的精度，为建立图像处理站打好基础，逐步实施对敦煌壁画的计算机存贮与管理。随后，浙江大学人工智能研究所与敦煌研究院合作开展国家自然科学基金项目"多媒体与智能技术集成及艺术复原"，建立了敦煌石窟虚拟漫游系统，使游客能够更好地欣赏敦煌艺术，并获得全新的视觉体验。1999 年 4 月，敦煌研究院与美国梅隆基金会、美国西北大学合作，对莫高窟开展了壁画数字化摄影采集和图像处理工作，标志着敦煌研究院数字化工作的全面开展（樊锦诗，2016）。

　　进入 21 世纪以来，随着技术的发展，经过不断实践，敦煌研究院的"数字敦煌"建设成果丰硕，莫高窟数字展示中心建成并投入使用（图 12），实现了文物保护和开放利用的双赢。目前已经形成"图像采集、加工、存储、再利用"等具有自主知识产权的石窟文物数字化成套技术，并得到推广应用。截至 2022 年底，敦煌研究院已经完成了敦煌石窟 289 个洞窟数字化采

图 12　莫高窟数字展示中心

集，162个洞窟的数字化图像处理，162个洞窟虚拟漫游节目制作及45身彩塑三维重建。不仅获得了可长久保存的数字档案，还为保护方案设计、价值挖掘、展览展示及文化传承弘扬提供了有力的技术支撑。

3.6　预防性保护体系构建

1930年，在意大利罗马召开的关于艺术品保护的国际研讨会，预防性保护（preventive conservation）的概念第一次被提出，即对馆藏文物保存环境实施有效的管理、监测、评估和控制，抑制各种环境因素对文物的危害，努力使文物处于一个"稳定、洁净"的安全生存环境，尽可能阻止或延缓文物的物理和化学性质改变乃至最终劣化，达到长久保护和保存馆藏文物的目的（王文刚，2017）。当时预防性保护主要是指对文物保存环境的控制，尤其是对温湿度的控制。通过监测信息管理，建立预防性监测机制，制定应急处置方案，实现变化可监测、风险可预报、险情可预控、保护可提前的保护管理目标，从而进一步提升文化遗产的保护、监测和管理水平。

20世纪80年代以来，随着文化遗产面临的威胁剧增，现代科技手段开始应用到文化遗产变化的监测中，预防性保护理念逐步付诸实践。90年代以来，随着监测技术和互联网数据传输等领域快速发展，文化遗产预防性保护的技术途径逐渐完善。现在预防性保护原则已经成为文物保护领域内的国际共识和发展方向。

"十三五"时期，有学者提出，文物保护要实现"两个转变"，即由注重抢救性保护向抢救性与预防性保护并重转变，由注重文物本体保护向文物本体与周边环境、文化生态的整体保护转变，确保文物安全（刘玉珠，2017）。经过20年的艰苦探索和实践，敦煌石窟预防性保护体系的构架初步显现，也取得了丰硕的成果。例如，对洞窟游客最大承载量的综合研究，确定了洞窟内相对湿度不能超过62%，二氧化碳不能超过1500 ppm（1 ppm = 1.96 mg/m^3）的洞窟微环境监测预警指标，单日游客承载量控制在6000人次，为莫高窟文物的预防性保护和制定科学的开放管理制度提供数据依据，有效解决了保护和旅游之间的矛盾，实现了旅游开放和洞窟保护的平衡发展。

敦煌石窟预防性保护体系围绕建设控制地带、一般保护区、重点保护区三个层级（图13），建立了多尺度的基础环境信息数据，融合实时安防、管线、气象、水资源管理、生态环境改造、政务管理等方面的信息平台，提升了遗址保护管理水平（王明明等，2011）。同时，开展风险防范与控制技术研究，是减缓或降低各类风险对遗址带来的危害、实现莫高窟预防性保护的必由之路（王旭东，2015）。

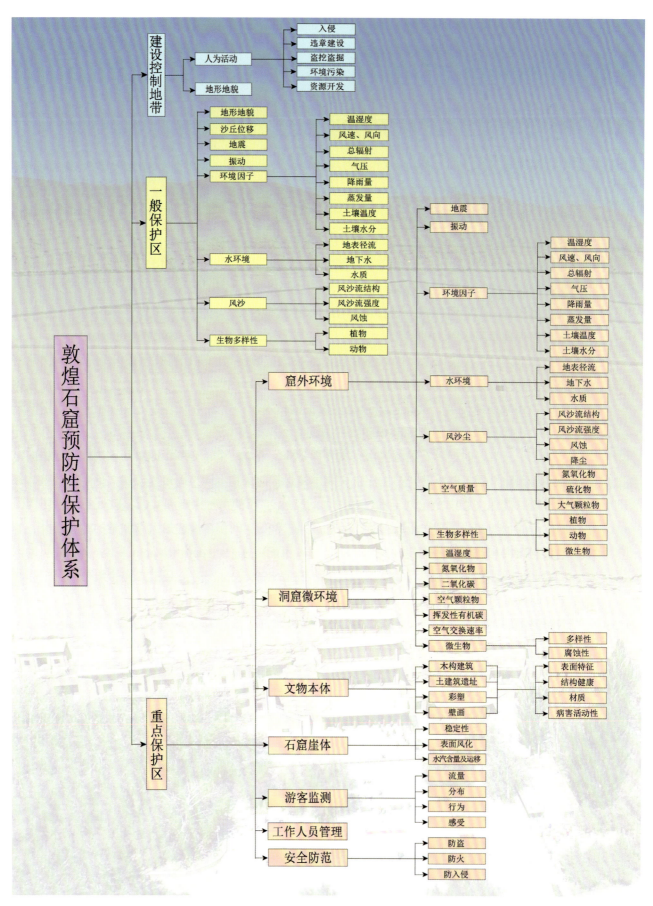

图 13　敦煌石窟预防性保护体系框架图

4

植物与敦煌石窟

　　植物作为人类文明必不可少的一部分，是文化交流和商业贸易的主题之一。在古代丝绸之路繁盛的时代里，大量的植物通过敦煌进行交流，不仅丰富了沿线国家经济植物种类，提高了各国的物质生活水平，促进了各国经济繁荣和发展，拓展了各国植物种质资源，还改变了各国人民的衣食结构和生活习惯，增进了各国人民的文化交融。例如，我国北方种植的小麦，起源于中亚地区，目前成为我国的四大主粮之一；胡桃、葡萄、苜蓿等都是张骞出使西域带回的，现已成为我国人民生活中不可或缺的一部分；原产我国的大豆也通过丝绸之路走出国门，逐渐散布于全球；源于印度佛教的菩提树，原意为象征美好的植物，在佛教发源地为榕属 *Ficus* 植物，传入我国后，也逐渐演变为我国各地象征美好的乡土植物。

　　敦煌石窟壁画中的植物图案，作为极其重要的艺术表现形式一直贯穿其中，壁画中花树丰茂，林草青郁，物种内涵丰富（图14～图42），如花草类的莲、忍冬、竹、牡丹、紫丁香、菊花、玫瑰、梅花、萱草、百合、茉莉花、曼陀罗、火焰花等，果实类的莲蓬、葡萄、石榴、桃等。树木的种类和形象极为丰富，有松、柳、杉、柏、槐、榆、菩提树、娑罗树、梧桐、银杏、棕榈、芭蕉、桃树、芒果树等各种针叶或阔叶、独株或成林的树木，还有诸多简化、变形经过艺术处理的树木，充满神秘色彩（马琰，2018）。植物图案虽无处不在，但作为宣扬古代文明的附属存在，却一直未成为独立的艺术创作，长久以来被人忽略。

　　自敦煌石窟开凿以来，该区域的气候环境与现今基本一致，都属于荒漠和绿洲相间分布，因此，厘清敦煌石窟的植物多样性，可以填补敦煌石窟周边植物基础数据的空白，也能为深入分析敦煌壁画中植物图案的艺术表现形式，正确解读敦煌石窟文物遗存中的植物提供相应依据，进而为研究植物与区域气候变迁、文化融合、佐证石窟的开凿年代、作为其他史料物证、利用植物保护文物等提供有力的基础数据和科技支撑。

图 14　莫高窟第 17 窟北壁植物图案

图 15　莫高窟第 30 窟主室北壁莲花图案

图 16　莫高窟第 23 窟主室东坡植物图案

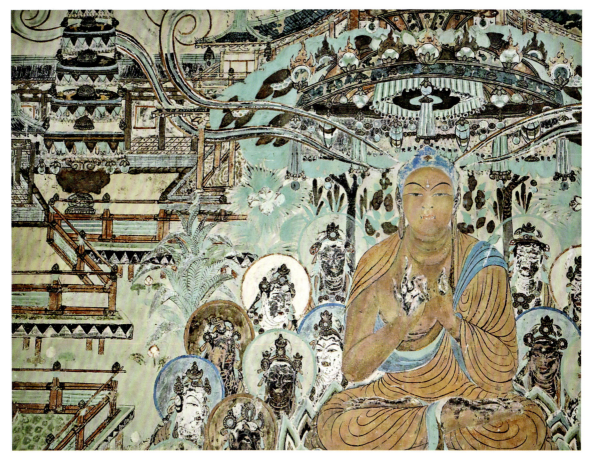

图 17　莫高窟第 45 窟主室北壁说法图中的芭蕉树图案

图 18　莫高窟第 34 窟甬道北壁牡丹图案

图 19　莫高窟第 44 窟主室东壁北侧植物图案

图 20　莫高窟第 45 窟主室西壁佛龛北侧植物图案

图 21　莫高窟第 245 窟南壁彼岸花图案

图 22　莫高窟第 252 窟主室南壁莲花图案

图 23　莫高窟第 256 窟甬道南壁莲花图案

图 24　莫高窟第 276 窟北壁菩提树图案

图 25　莫高窟第 313 窟主室佛龛内菩提树图案

图 26　莫高窟第 321 窟西壁佛龛中的植物图案

图 27　莫高窟第 329 窟主室东壁北侧菩提树图案

图 28　莫高窟第 329 窟主室东壁南侧百合图案

图 29　莫高窟第 332 窟南壁涅槃经变出殡图中的柳树图案

图 30　莫高窟第 322 窟棕榈图案

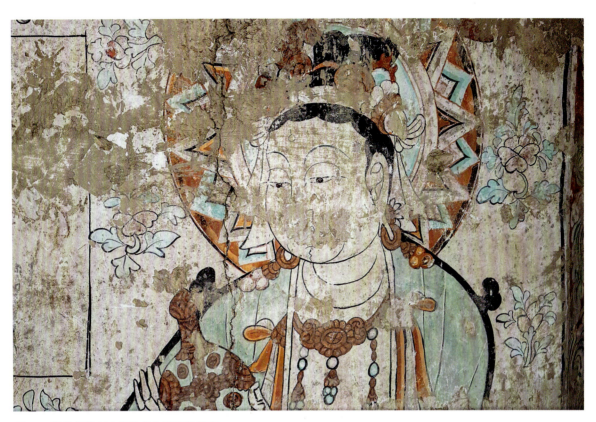

图 31　莫高窟第 334 窟甬道南壁植物图案

图 32　莫高窟第 390 窟北壁植物图案

图 33　莫高窟第 409 窟主室龛内百合花图案

图 34　莫高窟第 420 窟甬道南壁莲花图案

图 35　莫高窟第 329 窟主室东壁南侧百合图案

图 36　莫高窟第 454 窟主室佛台南壁植物图案（从左至右类似柏树、牡丹、松树、松树、花菱草、鸡冠花）

图 37　莫高窟第 454 窟主室佛台北壁植物图案（从左至右类似荷花、蜀葵、垂柳、牡丹、玉兰、松树）

图 38　西千佛洞第 5 窟佛龛顶部莲花图案

图 39　西千佛洞第 5 窟佛龛西侧植物图案

图 40　西千佛洞第 5 窟龛顶部彼岸花图案

图 41　榆林窟第 28 窟主室中心柱东侧植物图案

图 42　榆林窟第 25 窟中唐壁画上的枇杷、芭蕉图案

分论

敦煌石窟植物图鉴分论共收录维管植物71科276属389种，包括野生植物227种。栽培植物162种。其中，蕨类植物1科1属1种；裸子植物4科6属10种，含栽培植物9种；被子植物中单子叶植物纲10科41属52种，含栽培植物13种。双子叶植物纲56科228属326种，含栽培植物139种。标有☆的为栽培植物，标有★的为国家重点保护野生植物。

郑重声明：本书中所叙述植物资源价值仅供参考。

◆ 蕨类植物门 Pteridophyta

节节草 *Equisetum ramosissimum*

形态特征　多年生草本。根茎横走或直立，黑棕色。地上枝多年生。枝一型，中部直径5~9 mm，节间长5~8 cm，绿色，不分枝。地上枝有脊16~22条；鞘筒0.7~1.0 cm，黑棕色，顶部及基部各有一圈或仅顶部有一圈；鞘齿16~22，小，披针形，鞘齿顶端淡棕色，膜质，芒状，早落；下部黑棕色，薄革质；基部的背面有3~4条纵棱，宿存或同鞘筒一起早落。孢子囊穗卵状，顶端有小尖突，无柄。

分布与生境　在榆林窟和五个庙石窟周边有分布。喜水，生于河边浅滩及水沟旁边。

资源价值　全草入药；味甘、苦，性平；归肺经、肝经；可疏散风热、明目退翳。

◆ 裸子植物门 Gymnospermae

膜果麻黄 *Ephedra przewalskii*

麻黄科 Ephedraceae
麻黄属 *Ephedra*

形态特征　灌木。木质茎明显，直立，茎的上部具密生分枝。小枝绿色，节间粗长。叶膜质鞘状，上部通常3裂，间或2裂，裂片三角形，先端急尖或渐尖。球花常数个密集成团状复穗花序，对生或轮生于节上。雄球花的苞片3～4轮，膜质，基部约1/2合生；雄花有7～8雄蕊，花丝大部合生。雌球花近圆形，苞片4～5轮，稀对生，膜质，几全部离生，最上1轮苞片各生1雌花；珠被管伸出，直或弯曲。种子通常3（稀2），长卵形，包于膜质苞片之内。

分布与生境　河西走廊地区主要荒漠树种之一，在敦煌石窟群周边有分布。生于沙丘、冲积河床及砾质戈壁。

资源价值　地上茎枝药用；味辛、微苦，性温；归肺经、膀胱经；可发汗解表、宣肺平喘、利水消肿。

云杉[☆] *Picea asperata*

形态特征　常绿乔木。小枝有木钉状叶枕，有疏或密生毛，或几无毛，基部有先端反曲的宿存芽鳞。一年生枝淡褐黄色或淡黄褐色；芽三角状圆锥形。叶螺旋状排列，辐射伸展，侧枝下面及两侧的叶向上弯伸，锥形，先端尖或凸尖，横切面菱状四方形，上面有气孔线5～8条，下面有4～6条。雌雄同株；雄球花单生叶腋，下垂。球果单生侧枝顶端，下垂，柱状矩圆形或圆柱形，熟前绿色，熟时淡褐色或栗色。种鳞薄木质，宿存，倒卵状，先端圆至圆截形，或呈钝三角形，腹面有2种子，背面露出部分常有明显纵纹，种子上端有膜质长翅。

分布与生境　河西走廊地区常见园林绿化树种，在莫高窟、西千佛洞周边有人工种植。

资源价值　优质园林观赏和木材树种。根、木材、枝叶均可提取芳香油。树皮可提栲胶。球果入药；味苦，性温；有化痰、止咳之功效。

樟子松[☆] *Pinus sylvestris* var. *mongolica*

形态特征　乔木。树皮红褐色，裂成薄片脱落。小枝暗灰褐色。冬芽矩圆状卵圆形，赤褐色，有树脂。针叶2针一束，蓝绿色，粗硬，通常扭曲，先端尖，两面有气孔线，边缘有细锯齿；横切面半圆形，皮下层细胞单层，叶内树脂道边生。雌球花有短梗，向下弯垂，幼果种鳞的种脐具小尖刺。球果熟时暗黄褐色，圆锥状卵圆形，基部对称式稍偏斜。种鳞的鳞盾扁平或三角状隆起，鳞脐小，常有尖刺。

分布与生境　河西走廊地区常见园林绿化树种，在莫高窟、西千佛洞和榆林窟周边均有人工种植。

资源价值　园林绿化、水土保持优良树种。速生用材，材质较强，供建筑、家具等用材。树干可割树脂，提取松香及松节油。树皮可提取栲胶。松叶为家畜的优质饲料。

油松[☆] *Pinus tabuliformis*

形态特征　常绿乔木。大树的枝条平展或微向下伸，树冠近平顶状。一年生枝淡红褐色或淡灰黄色，无毛；二年或三年生枝上的苞片宿存。冬芽红褐色。针叶2针一束，粗硬；树脂管约10个，边生；叶鞘宿存。球果卵圆形，成熟后宿存，暗褐色。种鳞的鳞盾肥厚，横脊显著，鳞脐凸起有尖刺。

分布与生境　河西走廊地区常见园林绿化树种，在莫高窟、西千佛洞周边有人工种植。

资源价值　优质园林绿化和木材树种。树干割取松脂。树皮可提栲胶。松节、松叶、松球、花粉和松香均可入药。

圆柏 *Juniperus chinensis*

柏科 Cupressaceae
刺柏属 *Juniperus*

形态特征　常绿乔木。生鳞叶的小枝圆或近方形。叶在幼树上全为刺叶，随着树龄的增长刺叶逐渐被鳞叶代替；刺叶3叶轮生或交互对生，斜展或近开展，下延部分明显外露，上面有2条白色气孔带；鳞叶交互对生，排列紧密，先端钝或微尖，背面近中部有椭圆形腺体。雌雄异株。球果近圆形，直径6~8 mm，有白粉，熟时褐色，内有1~4（多为2~3）种子。

分布与生境　河西走廊地区常见绿化树种，在莫高窟、西千佛洞和榆林窟周边均有人工种植。

资源价值　常见园林绿化树种，优质木材。树皮及枝叶可入药；味苦、辛，性温，有小毒；可祛风散寒、活血消肿、解毒、利尿。

龙柏 *Juniperus chinensis* cv. 'Kaizuca'

形态特征　树冠圆柱状或柱状塔形；枝条向上直展，常有扭转上升之势；小枝密，在枝端成几等长的密簇。叶二型，即刺叶及鳞叶。刺叶生于幼树之上，老龄树则全为鳞叶，壮龄树兼有刺叶与鳞叶；刺叶3叶交互轮生，斜展，疏松，披针形，先端渐尖，上面微凹，有2条白粉带。雌雄异株，稀同株；雄球花黄色，椭圆形，雄蕊5～7对，常有3～4花药。球果近圆球形，两年成熟，熟时暗褐色，被白粉或白粉脱落。

分布与生境　河西走廊地区常见绿化树种，在莫高窟周边有人工种植。

资源价值　常见园林绿化树种，树形优美，枝叶碧绿青翠。

叉子圆柏☆ *Juniperus sabina*

形态特征　匍匐灌木。枝斜向伸展，鲜枝叶揉之有臭味，一年生枝柱形，交互对生或3叶轮生，先端刺尖，中部有矩圆状腺体，交互对生，先端钝或锐尖，背面中部有椭圆形或卵形腺体。雌雄异株，稀同株；雄球花椭圆形或矩圆形；雌球花曲垂或先期直立而后俯垂。球果生于向下弯曲的小枝顶端，熟时褐色或紫蓝色或黑色，三角状球形。种子2~3，种子常为卵圆形，微扁，有纵脊与树脂槽。

分布与生境　河西走廊地区园林绿化和固沙树种，在莫高窟和西千佛洞周边有人工种植。

资源价值　优良固沙植物。以枝叶入药；味苦，性平；可祛风镇静、活血止痛。

刺柏[☆] *Juniperus formosana*

柏科 Cupressaceae
刺柏属 *Juniperus*

形态特征　乔木。树冠塔形或圆柱形。枝条斜展或直展。叶3轮生，条状披针形或条状刺形，先端渐尖具锐尖头，上面稍凹，中脉微隆起，绿色。雄球花圆球形或椭圆形，药隔先端渐尖，背有纵脊。球果近球形或宽卵圆形，两年成熟，熟时淡红褐色，被白粉或白粉脱落，顶端有3条辐射状皱纹及3个钝头，间或顶部微开裂；具3种子。

分布与生境　河西走廊地区常见绿化树种，在莫高窟、西千佛洞及榆林窟周边均有人工种植。

资源价值　园林绿化植物。果实入药；味辛、苦，性寒；归心经、肝经；可利尿发汗、清热解毒、燥湿止痒。

侧柏☆ *Platycladus orientalis*

柏科 Cupressaceae
侧柏属 *Platycladus*

形态特征　常绿乔木。树冠广卵形，小枝扁平，排成一个平面。叶小，鳞片状，紧贴小枝上，交叉对生排列，叶背中部具腺槽。雌雄同株，花单性；雄球花黄色，由交互对生的小孢子叶组成，每个小孢子叶生有3个花粉囊，珠鳞和苞鳞完全愈合。球果当年成熟，种鳞木质化，开裂。种子不具翅或有棱脊。

分布与生境　河西走廊地区常见园林绿化树种，在敦煌石窟群周边有人工种植。

资源价值　常为阳坡造林和庭园绿化树种。木材可供建筑和家具等用材。味苦、涩，性寒；归肺经、肝经、脾经；可凉血止血、化痰止咳、生发乌发。

银杏 ☆ *Ginkgo biloba*

银杏科 Ginkgoaceae
银杏属 *Ginkgo*

形态特征　乔木。叶扇形，有长柄，淡绿色，无毛，有多数叉状并列细脉；叶在一年生长枝上螺旋状散生，在短枝上3～8叶呈簇生状。球花雌雄异株，单性，生于短枝顶端的鳞片状叶的腋内，呈簇生状。雄球花菜荑花序状，下垂；雄蕊排列疏松，具短梗，花药常2，药室纵裂。雌球花具长梗，梗端常分两叉，每叉顶生一盘状珠座，胚珠着生其上。种子具长梗，下垂，常为椭圆形、长倒卵形、卵圆形或近圆球形，外种皮肉质，熟时黄色或橙黄色。

分布与生境　中国特有种。河西走廊地区园林绿化树种，仅在莫高窟周边有人工种植。

资源价值　叶、果实皆可入药。叶味甘、苦、涩，性平；归心经、肺经；可活血化瘀、通络止痛、敛肺平喘、化浊降脂。果实药名白果，味甘、苦、涩，性平；归肺经、肾经；可敛肺定喘、止带缩尿。

◆ 被子植物门 Angiospermae

◇ 单子叶植物纲 Monocotyledoneae

水麦冬 *Triglochin palustre*

水麦冬科 Juncaginaceae
水麦冬属 *Triglochin*

形态特征　多年生湿生草本，植株弱小。根茎短，生有多数须根。叶全部基生，条形，先端钝，基部具鞘，两侧鞘缘膜质，残存叶鞘纤维状。花葶细长，直立，圆柱形，无毛；总状花序，花排列较疏散，无苞片；花被片6，绿紫色，椭圆形或舟形；雄蕊6，近无花丝，花药卵形，2室；雌蕊由3合生心皮组成，柱头毛笔状。蒴果棒状条形成熟时自下至上成3瓣开裂，仅顶部连合。

分布与生境　河西走廊地区湖泊及湿地常见沼生植物，在敦煌石窟群周边均有分布。常生于盐碱湿地或河流两侧浅水处。

资源价值　以果入药，味酸、涩，性平；可消炎止泻。

蒙古韭 *Allium mongolicum*

形态特征　多年生草本。鳞茎密集地丛生，圆柱状。叶半圆柱状至圆柱状，比花葶短。花葶圆柱状，下部被叶鞘；总苞单侧开裂，宿存；伞形花序半球状至球状，具多而通常密集的花；花淡红色、淡紫色至紫红色，大，花被片卵状矩圆形，内轮的常比外轮的长；花丝近等长，为花被片长度的1/2~2/3，基部合生并与花被片贴生，内轮的基部约1/2扩大呈卵形，外轮的锥形；子房倒卵状球形，花柱略比子房长，不伸出花被外。

分布与生境　在五个庙石窟周边有分布。生于戈壁及沙滩。

资源价值　嫩茎叶可食用。地上部分入药；味辛，性温；归肺经、胃经；可宽中下气、消食解肌、活血发汗。

唐古韭 *Allium tanguticum*

形态特征　草本。鳞茎卵圆形或卵形，单生，粗1～1.5 cm；鳞茎外皮里褐色，老时呈平行的纤维状。叶条形，边缘具细齿，比花葶短，宽1～3 mm。花葶圆柱形，高20～40 cm，基部具叶鞘；总苞膜质，2裂，比花序短，具短喙；伞形花序半球形，多花，密集；花梗纤细，长为花被的2～3倍，具苞片；花紫色，花被片6，长3～5 mm，狭披针形至卵状披针形，顶端渐狭为短尖，具1深紫色的脉；花丝等长，长为花被片的1.5（～2）倍，基部为狭三角形，向上渐狭成锥形，基部合生并与花被贴生；子房三棱状圆球形，基部具3个凹穴，花柱约与花被片等长。

分布与生境　在莫高窟周边有分布。生于林间、戈壁滩、河岸边。

资源价值　全草入药；性寒，味甘，微苦；具有养阴清热、润肺滋肾的功效。

韭 ☆ *Allium tuberosum*

形态特征　多年生草本。具根状茎。鳞茎狭圆锥形，簇生；鳞茎外皮黄褐色，网状纤维质。叶基生，条形，扁平。花葶圆柱形；总苞2裂，比花序短，宿存；伞形花序簇生或球状，多花；花梗为花被的2～4倍长，具苞片；花白色或微带红色，花被片6，狭卵形至矩圆状披针形；花丝基部合生并与花被贴生，长为花被片的4/5，狭三角状锥形；子房外壁具细的疣状突起。果具倒心形的果瓣。

分布与生境　河西走廊地区鲜食蔬菜之一，在敦煌石窟群周边均有人工种植。

资源价值　中国主要鲜食蔬菜。种子入药；味辛、甘，性温；归肾经、胃经、肺经、肝经；可补益肝肾、壮阳固精。

黄花菜 [☆] *Hemerocallis citrina*

形态特征　多年生草本。根近肉质，中下部常有纺锤状膨大。叶7~20。花葶长短不一，一般稍长于叶，基部三棱形，上部多少圆柱形，有分枝；苞片披针形，自下向上渐短，宽3；花梗较短，通常长不到1 cm；花多数，花被淡黄色，有时在花蕾时顶端带黑紫色；花被管长3~5 cm，花被裂片长7~12 cm，内3裂片宽2~3 cm。蒴果钝三棱状椭圆形。种子黑色，有棱。

分布与生境　河西走廊地区园林观赏花卉，在敦煌石窟群周边均有人工种植。

资源价值　花蕾食用。根可入药；味苦、辛，性温；归肝经、膀胱经；可散瘀消肿、祛风止痛、生肌疗疮。

郁金香[☆] *Tulipa gesneriana*

百合科 Liliaceae
郁金香属 *Tulipa*

形态特征 多年生草本。具鳞茎，鳞茎卵形，外层鳞茎皮纸质，在里面基部和顶端有少数伏贴毛。叶3～5，条状披针形至卵状披针形，顶端有少数毛。花茎常顶生一大花；花被片6，红色或杂有白色和黄色，有时为白色或黄色，外轮者披针形至椭圆形，顶端尖，内轮者稍短，倒卵形，顶端钝，但二者顶端都有一些微毛；雄蕊6，约与雌蕊等长，花丝无毛；子房矩圆形，几无花柱，柱头大而鸡冠状。

分布与生境 中国广泛栽培花卉，在莫高窟周边有人工种植。

资源价值 园林观赏花卉。花可入药；味苦、辛，性平；归肺经；可化湿辟秽，主脾胃湿浊、胸脘满闷、呕逆腹痛、口臭苔腻。

柔软丝兰 [☆] *Yucca filamentosa*

百合科 Liliaceae
丝兰属 *Yucca*

形态特征　常绿矮灌木。茎很短或不明显。叶近莲座状簇生，坚硬，近剑形或长条状披针形，顶端具一硬刺，边缘有许多稍弯曲的丝状纤维。花葶高大而粗壮；花近白色，下垂，排成狭长的圆锥花序，花序轴有乳突状毛；花被片长3～4 cm；花丝有疏柔毛；花柱长5～6 mm。花期夏秋季。

分布与生境　原产北美东南部，引种用于园林绿化，在莫高窟周边有大面积人工栽培。

资源价值　园林观赏花卉。叶为编织原料。果、花和开花茎食用。根药用。

火烧兰 *Epipactis helleborine*

形态特征 多年生草本。茎直立，上部被有粗毛，向下近光滑，基部有残留叶鞘。叶互生，卵形或阔卵形，先端短尖，基部钝圆，全缘，抱茎，上面无毛，下面稍被粗毛，脉平行。穗状花序顶生；花黄绿色，每花有1长卵形苞片；花被2轮，外轮3，背片狭长，兜状，侧片卵状披针形，内轮3，侧片卵状披针形，较外轮侧片略短；唇瓣短，兜状，无距；蕊柱短，子房倒卵形，稍弯。

分布与生境 仅在西千佛洞周边有少量分布。生于山坡林下、草丛或沟边。

资源价值 根可入药；味苦，性寒；归肺经；可清肺止咳、活血、解毒。

唐菖蒲 ☆ *Gladiolus gandavensis*

鸢尾科 Iridaceae
唐菖蒲属 *Gladiolus*

形态特征　多年生草本。球茎扁圆球状外包棕黄色膜质包被。叶基生，或于茎上互生，嵌叠状排成2列；叶片剑形，质硬，先端渐尖，基部鞘状，主脉突出，具多条平行脉。花茎不分枝，下部具数片互生叶。穗状花序顶生，具卵形或宽卵形的苞片2；花单生苞片内，无柄，左右对称，具红、粉红、白、黄等艳丽色彩，花被裂片6，排成2轮，内轮3裂片较大，花冠管漏斗状，向上多少弯曲而有1管檐；雄蕊3，着生花被管上，多少偏向花的一侧，花药蓝紫色；子房下位，椭圆形，绿色，3室，花柱先端3裂。蒴果椭圆形。种子扁平，具膜质翅。

分布与生境　河西走廊地区园林观赏花卉，在敦煌石窟群周边有人工种植。

资源价值　切花、花坛或盆栽用花。球茎入药；味辛，性温，有毒；可解毒散瘀、消肿止痛。

马蔺 *Iris lacteal var. chinensis*

形态特征　多年生草本。叶基生，坚韧，条形或狭剑形。苞片3～5，内含2～4花；花为浅蓝色、蓝色或紫色，外轮花被上有较深色的条纹，无附属物，内轮3花被直立；花药黄色；花柱分枝3，花瓣状，顶端2裂。蒴果具6纵肋，有尖喙。

分布与生境　河西走廊地区常见草本植物，敦煌石窟群周边均有分布。生于荒地、路旁、山坡及草地。

资源价值　花、种子和根入药。花味微苦、辛，性寒；归胃经、脾经、肺经、肝经；可清热解毒、凉血止血、利尿通淋。种子味甘，性平；归胃经、脾经、肺经、肝经；可清热利湿、解毒杀虫、止血定痛。根味甘，性平；归脾经、肝经、大肠经；可清热解毒、活血利尿。

鸢尾[☆] *Iris tectorum*

鸢尾科 Iridaceae
鸢尾属 *Iris*

形态特征　多年生草本。根状茎短而粗壮，坚硬，浅黄色。叶剑形，薄纸质，淡绿色。花葶与叶几等长，单一或2分枝，每枝具1～3花，苞片倒卵状椭圆形；花蓝紫色，外轮3花被裂片近圆形或倒卵形，外折，具深色网纹，中部有鸡冠状突起及白色髯毛，内轮3花被裂片较小，倒卵形，呈拱形直立；花柱分枝3，花瓣状，蓝色，顶端2裂。蒴果狭矩圆形，具6棱，外皮坚韧，有网纹。种子多数，球形或圆锥状，深棕褐色，具假种皮。

分布与生境　河西走廊地区园林观赏花卉，在莫高窟和西千佛洞周边有人工种植。

资源价值　盆花、切花和花坛用花。根、茎入药；味辛、苦，性寒；可活血祛瘀、祛风利湿、解毒消积。

西北天门冬 *Asparagus breslerianus*

形态特征　攀援植物，通常不具软骨质齿。茎平滑，分枝略具条纹或近平滑。叶状枝通常每4～8成簇，稍扁的圆柱形，略有几条钟、棱，伸直或稍弧曲，极少稍具软骨质齿。鳞片状叶基部有时有短的刺状距。花2～4腋生，红紫色或绿白色；花梗关节位于上部或近花被基部，较少近中部；雄花花被长约6 mm，花丝中部以下贴生于花被片上，花药顶端具细尖；雌花较小，花被长约3 mm。浆果熟时红色，有5～6种子。

分布与生境　在莫高窟和西千佛洞周边有分布。生于林间、戈壁滩、河岸边。

资源价值　块茎入药；味甘、微苦，性平；入肺经、肾经；可滋阴、润燥、清肺、降火。

石刁柏[☆] *Asparagus officinalis*

天门冬科 Asparagaceae
天门冬属 *Asparagus*

形态特征　多年生草本。根稍肉质。茎平滑，上部在后期常俯垂，分枝较柔弱。叶状枝每3~6成簇，近圆柱形，稍压扁，纤细，多少弧曲。叶鳞片状，基部具刺状短距或近无距。花雌雄异株，1~4腋生，绿黄色，花梗关节位于上部或近中部；雄花花被片6，花丝中部以下贴生于花被片上，花药矩圆形；雌花较小，具6退化雄蕊。浆果球形，成熟时红色。

分布与生境　引种植物，在莫高窟周边有人工栽培。

资源价值　幼茎为食用蔬菜。以块茎入药；味苦、微辛，性微温；可润肺镇咳、祛痰杀虫。

美人蕉☆ *Canna indica*

美人蕉科 Cannaceae
美人蕉属 *Canna*

形态特征　多年生草本植物。全株绿色无毛，被蜡质白粉。具块状根茎。地上枝丛生。单叶互生，具鞘状的叶柄，叶片卵状长圆形。总状花序，花单生或对生；萼片3，绿白色，先端带红色；花冠大多红色，外轮退化；雄蕊2～3，鲜红色；唇瓣披针形，弯曲。蒴果，长卵形，绿色。

分布与生境　河西走廊地区园林观赏花卉，在莫高窟和西千佛洞周边有人工种植。

资源价值　园林观赏花卉，常用于花坛、花境布置。以根状茎和花入药；味甘、淡，性凉；归心经、脾经；可清热利湿、安神降压。

长苞香蒲 *Typha angustata*

形态特征　多年生水生或沼生草本。地上茎直立，粗壮。叶片上部扁平，中部以下背面逐渐隆起，下部横切面呈半圆形，细胞间隙大，海绵状；叶鞘长，抱茎。雌雄花序远离；雄花序轴具弯曲柔毛，先端齿裂或否，叶状苞片1~2，与雄花先后脱落；雌花序位于下部，叶状苞片比叶宽，花后脱落；雄花通常由3雄蕊组成，稀2；雌花具小苞片；孕性雌花柱头宽条形至披针形，比花柱宽。小坚果纺锤形，纵裂，果皮具褐色斑点。种子黄褐色。

分布与生境　河西走廊地区常见水生植物，在敦煌石窟群周边均有分布。生于河流浅水处、池塘内及沟渠中。

资源价值　叶片用于编织、造纸等。全草入药；可凉血、止血、活血消瘀。

水烛 *Typha angustifolia*

香蒲科 Typhaceae
香蒲属 *Typha*

形态特征　多年生水生或沼生草本。地上茎直立，粗壮。叶片较长，上部扁平，中部以下腹面微凹；叶鞘抱茎。雌雄花序相距2.5～6.9 cm；雄花序轴具褐色扁柔毛，单出或分叉；叶状苞片1～3，花后脱落；雌花序长15～30 cm，基部具1叶状苞片，通常比叶片宽，花后脱落。种子深褐色。

分布与生境　河西走廊地区常见水生植物，在敦煌石窟群周边均有分布。生于河流浅水处及沟渠。

资源价值　叶片用于编织、造纸等。花粉入药；味甘，性平；入肝经、心经；可行血、消瘀、止痛。

小花灯芯草 *Juncus articulatus*

形态特征　多年生草本。根状茎粗壮横走，黄色，具细密褐黄色的须根。叶基生和茎生，短于茎；叶片扁圆筒形，顶端渐尖呈钻状，具有明显的横隔，绿色；叶鞘松弛抱茎。花序排列成顶生复聚伞花序，花序常2～5分枝，具长短不等的花序梗，上端二回至三回分枝，向两侧伸展；头状花序半球形至近圆球形，苞片披针形或三角状披针形，锐尖，黄色，背部中央有1脉；花被片披针形，等长，顶端尖，背面通常有3脉，具较宽的膜质边缘，幼时黄绿色，晚期变淡红褐色；雄蕊6；花柱极短，圆柱形，柱头3分叉，线形，较长。蒴果三棱状长卵形，成熟深褐色，光亮。

分布与生境　在莫高窟及五个庙石窟有分布。生长在河边、池旁、水沟边、草地上，沼泽湿处。

资源价值　全草入药；味甘、淡，性微寒；归心经、肺经、小肠经；可清心火、利小便。

扁秆荆三棱 *Bolboschoenus planiculmis*

形态特征　多年生草本。具匍匐根状茎和块茎。秆较细，三棱柱形，平滑，基部膨大。叶基生和茎生，条形，扁平，基部具长叶鞘。叶状苞片1～3，长于花序；长侧枝聚伞花序短缩成头状，有1～6小穗；小穗卵形或矩圆卵形，褐锈色，具多数花；鳞片矩圆形，膜质，褐色或深褐色，疏被柔毛，有1脉，顶端具撕裂状缺刻，有芒；下位刚毛4～6，有倒刺，长为小坚果的1/2或2/3；雄蕊3；花柱长，柱头2。小坚果倒卵形或宽倒卵形，扁，两面稍凹或稍凸。

分布与生境　河西走廊地区常见水生杂草，在敦煌石窟群周边均有分布。生于河岸两侧及浅河滩。

资源价值　全草入药；味苦，性平；具止咳、破血、通经、行气、消积、止痛之功效。

灰株薹草 *Carex rostrata*

莎草科 Cyperaceae
薹草属 *Carex*

形态特征　多年生草本。根状茎具长而稍粗壮的地下匍匐茎。秆疏丛生，较粗壮，钝三棱形，平滑；基部具无叶片的鞘，老叶鞘常裂成纤维状。叶长于秆，较坚挺，灰绿色，边缘稍粗糙。苞片叶状，下部苞片长于小穗，具短鞘或无鞘，上部苞片无鞘；小穗3~6，下部的间距长，上端（1）2~4为雄小穗，间距短，线状圆柱形，无柄或近无柄；余为雌小穗，圆柱形，密生多花，近无柄或下部的具短柄；雌花鳞片长圆状披针形，膜质，锈色或淡锈色，边缘白色透明，中脉绿色；花柱细长，常多回扭曲，柱头3，较短。果囊斜展，后稍叉开，卵形或宽卵形，鼓胀三棱状，膜质，淡黄绿色，无毛，稍有光泽，4~6脉；具短柄，喙中等长，喙口具2短齿。小坚果很松地包裹于囊中，宽倒卵形，三棱状，长约1.5 mm，棕色，具短柄。

分布与生境　河西走廊地区主要湿地植物之一，在五个庙石窟周边有分布。生于沼泽、河岸两侧及浅河滩。

资源价值　荒漠地区良好的饲用植物。

香附子 *Cyperus rotundus*

莎草科 Cyperaceae
莎草属 *Cyperus*

形态特征　多年生草本。有匍匐根状茎和椭圆状块茎。秆直立，散生，有三锐棱。叶基生，短于秆；鞘棕色，常裂成纤维状。苞片2～3，叶状，长于花序；长侧枝聚伞花序简单或复出，有3～6开展的辐射枝；小穗条形，3～10排成伞形花序；小穗轴有白色透明的翅；鳞片紧密，2列，膜质，卵形或矩圆卵形，长约3 mm，中间绿色，两侧紫红色，有5～7脉；雄蕊3；柱头3。小坚果矩圆倒卵形，有三棱，长约为鳞片的1/3，表面具细点。

分布与生境　栽培花卉伴生杂草，仅在莫高窟周边有分布。

资源价值　干燥根茎入药；味苦，微温，无毒；入肺经、肝经；具有理气解郁、调经止痛的功效。

中间型荸荠 *Heleocharis intersita*

形态特征　多年生草本。秆少数，丛生，细长，有少数钝肋条和纵槽，有不明显的疣状突起。叶缺，只在秆的基部有1～2个长叶鞘，鞘的下部血紫色，鞘口微斜。小穗长圆形、狭长圆形或椭圆形，顶端钝圆，暗血红色，有多数花；在小穗基部有2鳞片中空无花，最下的一片抱小穗基部半周或稍过半周；其余鳞片全有花，膜质，卵形，顶端钝，暗血红色，边缘宽，干膜质，背部有时狭而为绿色；下位刚毛4，微弯曲，短于小坚果，向外展开，白色或微黄色，有倒刺，刺密；柱头2。小坚果倒卵形、宽卵形或圆卵形，双凸状，淡黄色，后来淡褐色；花柱基白色，海绵质。

分布与生境　仅在五个庙石窟周边有分布。生于水边湿地和沼泽地。

资源价值　干燥根茎入药；味甘，性寒；入足阳明经；具有清热解毒、凉血生津、利尿通便、化湿祛痰、消食除胀之功效。

水葱 *Schoenoplectus tabernaemontani*

形态特征　匍匐根状茎粗壮。具许多须根。秆高大，圆柱状，最上面一个叶鞘具叶片。叶片线形。苞片1，为秆的延长，直立，钻状，常短于花序，极少数稍长于花序；长侧枝聚伞花序简单或复出，假侧生；小穗单生或2～3簇生于辐射枝顶端，卵形或长圆形，顶端急尖或钝圆，具多数花；鳞片椭圆形或宽卵形，顶端稍凹，具短尖，膜质；雄蕊3，花药线形，药隔突出；花柱中等长，柱头2，罕3，长于花柱。小坚果倒卵形或椭圆形，双凸状，少有三棱形。

分布与生境　河西走廊地区常见水生植物，在敦煌石窟群周边均有分布。生于湖边、浅河滩及浅水塘中。

资源价值　地上部分入药；味甘、淡，性平；归膀胱经；可利水消肿。

芨芨草 *Achnatherum splendens*

禾本科 Poaceae
芨芨草属 *Achnatherum*

形态特征　多年生草本。须根具砂套。秆丛生，坚硬。叶片坚韧，卷折。圆锥花序开展，小穗灰绿或带紫色，含1小花；颖膜质，第一颖较第二颖短1/3，外稃厚纸质，背部密生柔毛，顶端2裂齿；基盘钝圆，有柔毛；芒自外稃齿间伸出，直立或微曲，但不扭转，易落；内稃2脉而无脊，脉间有毛，成熟后多少露出。

分布与生境　河西走廊地区主要荒漠草原树种之一，在敦煌石窟群周边均有分布。生于田边、微碱性的草滩及沙土山坡。

资源价值　牲畜的重要饲料，改良碱地、保护渠道的水土保持植物。秆叶供造纸及人造丝。以茎基部及花、根状茎入药；味甘、淡，性平；可清热利尿。

羽毛三芒草 *Aristida pennata*

形态特征　多年生草本。须根较粗且坚韧，状如铜丝，外被紧密的砂套。秆丛生，直立。叶鞘平滑无毛或微糙涩，长于节间；叶片质地坚硬，纵卷如针状，上面具微毛，下面无毛。圆锥花序疏松，基部常被顶生叶鞘所包，分枝多孪生或稀单生，直立斜升；小穗草黄色；颖尖披针形，平滑无毛，第一颖具3~5脉，第二颖具3脉，微短于第一颖，基部被第一颖包藏；外稃具3脉，背部光滑，顶端平截且具一圈短毛，基盘尖锐，具短毛，芒全被柔毛，主芒长，侧芒稍短。

分布与生境　河西走廊地区主要荒漠植物之一，在敦煌石窟群周边均有分布。生于固定沙丘的背风坡处。

资源价值　优良的固沙植物和良好的饲用植物。

荩草 *Arthraxon hispidus*

形态特征　一年生草本。秆细弱，基部倾斜或平卧并于节上生根。叶片卵状披针形，基部心形抱茎，下部边缘生纤毛。总状花序2～10，指状排列，穗轴节间无毛；小穗成对生于各节；有柄小穗退化仅剩短柄；无柄小穗长4～4.5 mm；第一颖边缘不内折或一侧内折成脊，脉上粗糙；雄蕊2。

分布与生境　河西走廊地区栽培花卉伴生杂草，在敦煌石窟群周边均有分布。生于林间、田地等。

资源价值　全草入药；味苦，性平；可清热、降逆、止咳平喘、解毒、祛风湿。

野燕麦 *Avena fatua*

禾本科 Poaceae
燕麦属 *Avena*

形态特征　一年生草本。须根较坚韧。秆直立。叶鞘松弛，光滑或基部者被微毛；叶舌透明膜质；叶片扁平，微粗糙，或上面和边缘疏生柔毛。圆锥花序开展，金字塔形，分枝具棱角，粗糙；小穗含2~3小花，其柄弯曲下垂，顶端膨胀；小穗轴密生淡棕色或白色硬毛，其节脆硬易断落，第一节间长约3 mm；颖草质，几相等，通常具9脉；外稃质地坚硬，第一外稃长15~

20 mm，背面中部以下具淡棕色或白色硬毛，芒自稃体中部稍下处伸出，膝曲，芒柱棕色，扭转。颖果被淡棕色柔毛，腹面具纵沟。

分布与生境　河西走廊地区人工栽培牧草之一，在榆林窟和五个庙石窟周边有人工种植物。

资源价值　优质饲用植物。种子食用。全草入药；味甘，性平；可收敛止血、固表止汗。

菵草 *Beckmannia syzigachne*

形态特征　一年生草本。秆直立。叶鞘无毛，多长于节间；叶舌透明膜质；叶片扁平，粗糙或下面平滑。圆锥花序分枝稀疏，直立或斜升；小穗扁平，圆形，灰绿色，常含1小花；颖草质，边缘质薄，白色，背部灰绿色，具淡色的横纹；外稃披针形，具5脉，常具伸出颖外之短尖头；花药黄色。颖果黄褐色，长圆形，先端具丛生短毛。

分布与生境　河西走廊地区常见湿地禾草，在敦煌石窟群周边均有分布。生于河流及湖泊湿地附近的盐碱滩上。

资源价值　优良牧草。全草入药；味甘，性寒；可清热、利胃肠、益气。

旱雀麦 *Bromus tectorum*

形态特征 一年生草本，秆光滑。叶鞘闭合；叶片具柔毛。圆锥花序开展，分枝细弱，粗糙，弯曲；小穗含4～7小花，成熟时变紫色；颖披针形，边缘薄膜质，第一颖长6～8 mm，具1～3脉，第二颖长10～11 mm，具3～5脉；外稃粗糙或生柔毛，具7脉，边缘与顶端膜质，顶端渐尖；芒自顶端膜质以下伸出，略长于稃体；第一外稃长约13 mm；子房上端具毛，花柱自其前下方伸出。

分布与生境 河西走廊地区常见小麦伴生杂草，在榆林窟和五个庙石窟周边有分布。生于田边、干旱山坡、路旁、河滩、草地。

资源价值 春季牲畜恢复体力的重要牧草之一，亦可做青贮饲料。

假苇拂子茅 *Calamagrostis pseudophragmites*

形态特征　一年生草本。秆直立。叶鞘平滑无毛，或稍粗糙，短于节间；叶舌膜质，长圆形。小穗草黄色或紫色；颖线状披针形，成熟后张开，顶端长渐尖，不等长，第二颖较第一颖短1/4～1/3，具1脉或第二颖具3脉，主脉粗糙；外稃透明膜质，具3脉，顶端全缘，稀微齿裂，芒自顶端或稍下伸出，细直，细弱，基盘的柔毛等长或稍短于小穗；内稃长为外稃的1/3～2/3；雄蕊3。

分布与生境　河西走廊地区常见杂草，在敦煌石窟群周边均有分布。生于山坡、田边及河岸两侧。

资源价值　防沙固堤的材料，亦可作为牲畜饲用植物。

虎尾草 *Chloris virgata*

形态特征　一年生草本。秆直立或基部膝曲，光滑无毛。叶鞘背部具脊，包卷松弛，无毛；叶舌无毛或具纤毛；叶片线形，两面无毛或边缘及上面粗糙。穗状花序5至10余，指状着生于秆顶，常直立而并拢成毛刷状，有时包藏于顶叶之膨胀叶鞘中，成熟时常带紫色；小穗无柄，颖膜质，1脉；第一小花两性，外稃纸质，两侧压扁，呈倒卵状披针形，3脉，沿脉及边缘被疏柔毛或无毛，两侧边缘上部有白色柔毛，顶端尖或有时具2微齿，芒自背部顶端稍下方伸出；内稃膜质，略短于外稃，具2脊，脊上被微毛；第二小花不育，长楔形，仅存外稃，顶端截平或略凹，自背部边缘稍下方伸出。颖果纺锤形，淡黄色，光滑无毛而半透明。

分布与生境　河西走廊地区常见田间杂草，在敦煌石窟群周边均有分布。生于田边、山坡及路旁。

资源价值　牲畜喜食的优良牧草。

无芒隐子草 *Cleistogenes songorica*

形态特征　多年生草本。秆丛生，直立或稍倾斜。基部具密集枯叶鞘，叶鞘长于节间，无毛，鞘口有长柔毛；叶舌具短纤毛；叶片线形，上面粗糙，扁平或边缘稍内卷。圆锥花序开展，分枝开展或稍斜上，分枝腋间具柔毛；小穗含3~6小花，绿色或带紫色；颖卵状披针形，近膜质，先端尖，具1脉；外稃卵状披针形，边缘膜质，第一外稃长3~4 mm，5脉，先端无芒或具短尖头；内稃短于外稃，脊具长纤毛；花药黄色或紫色。

分布与生境　河西走廊地区常见禾草，在五个庙石窟周边有分布。生于干旱草原、荒漠或半荒漠沙质地。

资源价值　优良牧草，各种家畜均喜采食。

蔺状隐花草 *Crypsis schoenoides*

形态特征　一年生草本。秆向上斜升或平卧，平滑，常有分枝。叶鞘常短于节间，疏松而多少肿胀，平滑；叶舌短小，成为一圈纤毛状；叶片上面被微毛或柔毛，下面无毛或有稀疏的柔毛，先端常内卷如针刺状。圆锥花序紧缩成穗状、圆柱状或长圆形，其下托以一膨大的苞片状叶鞘；小穗淡绿色或紫红色；颖膜质，具1脉成脊，脊上生短刺毛；内稃略短于外稃或等长；雄蕊3，花药黄色。

分布与生境　河西走廊地区荒漠草原主要牧草之一，在敦煌石窟群周边均有分布。生于田边、荒地及河流两侧。

资源价值　优质牧草和纤维植物。

无芒稗 *Echinochloa crusgalli var. mitis*

形态特征　一年生草本。秆直立，粗壮。叶鞘疏松裹秆，平滑无毛；叶舌缺；叶片扁平，线形，无毛，边缘粗糙。圆锥花序直立，分枝斜上举而开展，常再分枝；小穗卵形，第一颖三角形，脉上具疣基毛；第二颖与小穗等长，先端渐尖或具小尖头；第一小花通常中性，其外稃草质；第二外稃椭圆形，平滑，光亮，成熟后变硬。

分布与生境　河西走廊地区常见田间杂草，在敦煌石窟群周边均有分布。生于田间、荒地和路边。

资源价值　优等饲用牧草。

披碱草 *Elymus dahuricus*

形态特征 多年生草本，直立，基部膝曲。叶鞘光滑无毛；叶片扁平，稀可内卷，上面粗糙，下面光滑，有时呈粉绿色。穗状花序直立，较紧密；穗轴边缘具小纤毛，中部各节具2小穗而接近顶端和基部各节只具1小穗；小穗绿色，成熟后变为草黄色，含3～5小花；颖披针形或线状披针形，有3～5明显而粗糙的脉；外稃披针形，上部具5明显的脉，全部密生短小糙毛，第一外稃先端延伸成芒，芒粗糙，成熟后向外展开；内稃与外稃等长，先端截平，脊上具纤毛，至基部渐不明显，脊间被稀少短毛。

分布与生境 河西走廊地区常见禾草，牲畜喜食，敦煌石窟群周边均有分布。生于沙地、山坡、田野和撂荒地。

资源价值 良好的护坡、水土保持和固沙的植物，亦是优质高产的牧草。

画眉草 *Eragrostis pilosa*

形态特征　一年生草本。茎通常具4节，光滑。叶鞘稍压扁，鞘口常具长柔毛；叶舌退化为一卷纤毛；叶片线形，扁平或内卷，背面光滑，表面粗糙。圆锥花序较开展，分枝腋间具长柔毛，小穗成熟后，暗绿色或带紫黑色，有4~14小花；颖披针形，先端钝或第二颖稍尖，第一颖长约1 mm，常无脉，第二颖长1~1.5 mm，有1脉；外稃侧脉不明显，第一外稃广卵形，迟落或宿存；雄蕊3。颖果长圆形。

分布与生境　河西走廊地区常见田间杂草，敦煌石窟群周边均有分布。生于田间、荒地及河道旁。

资源价值　优良牧草或家禽饲料。全草入药；味甘、淡，性凉；可清热解毒、疏风利尿。

中华羊茅 *Festuca sinensis*

形态特征　多年生草本。具鞘外分枝，疏丛。秆直立或基部倾斜，节无毛而呈黑紫色。叶片质硬，直立，干时卷折，无毛或上面被微毛。圆锥花序开展；分枝下部孪生，主枝细弱，中部以下裸露，上部一回至二回分枝，小枝具2～4小穗；小穗淡绿色或稍带紫色，含3～4小花；颖片顶端渐尖，第一颖具1（3）脉，第二颖具3（4）脉；外稃上部具微毛，具5脉，顶端具短芒，第一外稃长约7 mm；内稃长约6 mm，先端具2微齿，脊具小纤毛。

分布与生境　河西走廊地区高寒草原牧草，局部地区有人工栽培，在五个庙石窟和榆林窟周边有人工种植。

资源价值　优质饲用牧草。

芒颖大麦草 *Hordeum jubatum*

形态特征　二年生草本。秆丛生，直立或基部稍倾斜，平滑无毛。叶鞘下部者长于而中部以上者短于节间；叶舌干膜质，截平；叶片扁平，粗糙。穗状花序柔软，绿色或稍带紫色；穗轴成熟时逐节断落，棱边具短硬纤毛；三联小穗两侧各具长约1 mm的柄，两颖为弯软细芒状，其小花通常退化为芒状，稀为雄性；外稃披针形，具5脉，先端具长细芒；内稃与外稃等长。

分布与生境　河西走廊地区栽培花卉伴生杂草，仅在莫高窟周边有分布。

资源价值　良好的饲用植物和观赏植物。

赖草 *Leymus secalinus*

形态特征　多年生草本，具下伸的根状茎。秆直立，较粗硬，单生或疏丛状。叶片深绿色，平展或内卷。穗状花序直立，穗轴每节具小穗2～3，含4～7小花，小穗轴被短柔毛；颖短于小穗，线状披针形；外稃披针形，边缘膜质，内稃与外稃等长，先端常微2裂；花药黄色。

分布与生境　河西走廊地区常见田间杂草，在敦煌石窟群周边均有分布。生于田边、路旁及荒地。

资源价值　根状茎和全草入药；味苦，性微寒；可清热利湿、止血。

黑麦草 *Lolium perenne*

形态特征　多年生草本。具细弱根状茎。秆丛生，质软，基部节上生根。叶片线形，柔软，具微毛，有时具叶耳。穗形穗状花序直立或稍弯；小穗轴节间长约1 mm，平滑无毛；颖披针形，为其小穗长的1/3，具5脉，边缘狭膜质；外稃长圆形，草质，具5脉，平滑，基盘明显，顶端无芒，或上部小穗具短芒，第一外稃长约7 mm；内稃与外稃等长，两脊生短纤毛。

分布与生境　河西走廊地区人工草坪植物，在敦煌石窟群周边均有人工种植。

资源价值　优良饲用植物和草坪绿化草种。

稷[☆] *Panicum miliaceum*

形态特征　一年生草本。秆直立，单生或少数丛生。叶片条状披针形。圆锥花序开展或较紧密，成熟后下垂；小穗含2小花，仅第二小花结实；第一颖长为小穗1/2～2/3，具5～7脉，先端尖或锥尖；第二颖与小穗等长，大都具11脉；第一外稃大都具13脉；第二外稃革质，成熟后呈乳白色或褐色，边缘卷抱内稃。

分布与生境　河西走廊地区主要粮食作物之一，在莫高窟和榆林窟周边有人工种植。

资源价值　传统栽培五谷之一，种子可食用，亦可用于酿酒。

白草 *Pennisetum flaccidum*

形态特征　多年生草本，具横走根茎。秆直立，单生或丛生。叶鞘疏松抱茎，近无毛，基部者密集近跨生，上部短于节间；叶舌短，具长1~2 mm的纤毛；叶片狭线形，两面无毛。圆锥花序紧密，直立或稍弯曲，主轴具棱角，无毛或罕疏生短毛，刚毛柔软、细弱、微粗糙，灰绿色或紫色；小穗通常单生，卵状披针形；第一颖微小，先端钝圆、锐尖或齿裂，脉不明显；第二颖长为小穗的1/3~3/4，先端芒尖，具1~3脉；第一小花雄性，或罕中性，第一外稃与小穗等长，厚膜质，先端芒尖，具3~5（~7）脉，第一内稃透明，膜质或退化；第二小花两性，第二外稃具5脉，先端芒尖，与其内稃同为纸质；鳞被2，楔形，先端微凹；雄蕊3，花药顶端无毫毛；花柱近基部连合。颖果长圆形。

分布与生境　河西走廊地区常见田间杂草，在敦煌石窟群周边均有分布。生于田间、山坡、路旁及水沟边。

资源价值　优良牧草。全草入药；味甘，性寒；可清热利尿、凉血止血。

芦苇 *Phragmites australis*

形态特征 多年生草本。根状茎十分发达。秆直立，节下被蜡粉。叶片披针状线形，顶端长渐尖成丝形。圆锥花序大型，着生稠密下垂的小穗；小穗含4花；颖具3脉；第二外稃具3脉，顶端长渐尖，两侧密生等长于外稃的丝状柔毛，与无毛的小穗轴相连接处具明显关节，成熟后易自关节上脱落；雄蕊3，花药黄色。

分布与生境 河西走廊地区常见禾草，敦煌石窟群周边均有分布。生于灌溉沟渠旁、河堤、沼泽地等。

资源价值 污水净化和纤维植物。根状茎可入药；味甘，性寒；归心经、肺经；可清肺解毒、止咳排脓。

早熟禾 *Poa annua*

形态特征　一年生或冬性禾草。秆直立或倾斜，质软，高6～30 cm，全体平滑无毛。叶鞘稍压扁，中部以下闭合；叶片扁平或对折，质地柔软，常有横脉纹，顶端急尖呈船形，边缘微粗糙。圆锥花序宽卵形，开展；分枝1～3着生各节，平滑；小穗卵形，含3～5小花，绿色；颖质薄，具宽膜质边缘，顶端钝，第一颖披针形，具1脉，第二颖具3脉；外稃卵圆形，顶端与边缘宽膜质，具明显的5脉，脊与边脉下部具柔毛，间脉近基部有柔毛，基盘无绵毛；内稃与外稃近等长，两脊密生丝状毛；花药黄色。颖果纺锤形。

分布与生境　河西走廊地区荒漠草原主要牧草之一，在敦煌石窟群周边均有分布。生于路旁、草地或荫蔽荒坡湿地。

资源价值　荒漠草原优良饲用植物。

草地早熟禾[☆] *Poa pratensis*

禾本科 Poaceae
早熟禾属 *Poa*

形态特征　多年生草本。具细根状茎。秆丛生，光滑。叶舌膜质；叶片条形，柔软。圆锥花序开展，分枝下部裸露；小穗含3～5小花；第一颖长2.5～3 mm，具1脉；第二颖宽披针形，长3～4 mm，具3脉；外稃纸质，顶端钝而多少有些膜质，脊与边缘在中部以下有长柔毛，间脉明显隆起，基盘具稠密白色绵毛；第一外稃长3～3.5 mm，内稃较短于外稃，脊上粗糙。

分布与生境　河西走廊地区人工草坪植物，在敦煌石窟群周边均有人工种植。

资源价值　重要饲用植物和草坪水土保持资源。

金色狗尾草 *Setaria glauca*

形态特征　一年生草本。秆直立或基部倾斜膝曲。叶片线状披针形或狭披针形，近基部疏生长柔毛。圆锥花序紧密呈圆柱状或狭圆锥状，主轴具短细柔毛，刚毛金黄色或稍带褐色，粗糙；第一颖宽卵形或卵形，先端尖，具3脉；第二颖宽卵形，先端稍钝，具5～7脉；第一小花雄性或中性，第一外稃与小穗等长或微短，具5脉，其内稃膜质，等长且等宽于第二小花，具2脉，通常含3雄蕊或无；第二小花两性，外稃革质，等长于第一外稃。

分布与生境　河西走廊地区常见田间杂草，在敦煌石窟群周边均有分布。生于林间、田边及荒地。

资源价值　饲用植物。全草入药；味淡，性平；可祛风明目、清热利尿。

粟 [☆] *Setaria italica var. germanica*

形态特征　一年生草本，植物体细弱矮小。须根粗大。叶鞘松裹茎秆，密具疣毛或无毛；叶舌为一圈纤毛；叶片长披针形或线状披针形，先端尖，基部钝圆，上面粗糙，下面稍光滑。圆锥花序呈圆柱状，紧密，常因品种的不同而多变异；小穗卵形或卵状披针形，黄色，刚毛长为小穗的1~3倍，小枝不延伸；鳞被先端不平，呈微波状；花柱基部分离。

分布与生境　河西走廊地区主要栽培作物之一，在西千佛洞和榆林窟周边有人工种植。

资源价值　谷粒食用，为中国北方重要粮食作物之一。秆、叶是家畜的良好饲料。种仁可入药；味甘、咸，性微寒；可和中、益肾、除热、解毒。

狗尾草 *Setaria viridis*

禾本科 Poaceae
狗尾草属 *Setaria*

形态特征　一年生草本。叶片条状披针形。圆锥花序紧密呈柱状；小穗长2～2.5 mm，2至数枚簇生于缩短的分枝上，基部有刚毛状小枝1～6，成熟后与刚毛分离而脱落；第一颖长为小穗的1/3；第二颖与小穗等长或稍短；第二外稃有细点状皱纹，成熟时背部稍隆起，边缘卷抱内稃。

分布与生境　河西走廊地区常见田间杂草，敦煌石窟群周边均有分布。生于田边、荒地和水沟旁。

资源价值　优质牧草。全草入药；味淡，性平；可祛风明目、清热利尿。

高粱[☆] *Sorghum bicolor*

禾本科 Poaceae
高粱属 *Sorghum*

形态特征　一年生草本。秆较粗壮，直立，基部节上具支撑根。叶鞘无毛或稍有白粉；叶舌硬膜质，先端圆，边缘有纤毛；叶片线形至线状披针形。圆锥花序疏松，主轴裸露，总梗直立或微弯曲；主轴具纵棱，疏生细柔毛，分枝3~7，轮生，粗糙或有细毛，基部较密；每一总状花序具3~6节，节间粗糙或稍扁；无柄小穗倒卵形或倒卵状椭圆形，基盘纯，有髯毛；两颖均革质，上部及边缘通常具毛，初时黄绿色，成熟后为淡红色至暗棕色；第一颖背部圆凸，上部1/3质地较薄，边缘内折而具狭翼，向下变硬而有光泽，具12~16脉，仅达中部，有横脉，顶端尖或具3小齿；第二颖7~9脉，背部圆凸，近顶端具不明显的脊，略呈舟形，边缘有细毛；外稃透明膜质，第一外稃披针形，边缘有长纤毛；第二外稃披针形至长椭圆形，具2~4脉，顶端稍2裂，自裂齿间伸出一膝曲的芒，芒长约14 mm；雄蕊3；子房倒卵形，花柱分离，柱头帚状。颖果两面平凸，淡红色至红棕色，顶端微外露。

分布与生境　河西走廊地区栽培粮食作物之一，在莫高窟和榆林窟周边有人工种植。

资源价值　中国主要粮食作物之一。种子供食用，亦可入药；味甘、涩，性温，无毒；入手足太阴经、阳明经；可益气和中、涩肠胃、止霍乱。

沙生针茅 *Stipa caucasica* subsp. *glareosa*

形态特征　多年生密丛草本。须根粗韧，外具砂套。秆粗糙，具1~2节，基部宿存枯死叶鞘。叶鞘具密毛；基生叶与秆生叶舌短而钝圆，叶片纵卷如针，下面粗糙或具细微的柔毛，基生叶长为秆高2/3。圆锥花序常包藏于顶生叶鞘内，长约10 cm，分枝简短，仅具1小穗；颖尖披针形，先端细丝状，基部具3~5脉；外稃背部的毛呈条状，顶端关节处生一圈短毛，基盘尖锐，密被柔毛，芒一回膝曲扭转；内稃与外稃近等长，具1脉，背部稀具短柔毛。

分布与生境　河西走廊地区荒漠草原常见禾草，敦煌石窟群周边均有分布。生于石质山坡、丘间洼地、戈壁沙滩及河滩砾石地上。

资源价值　优等饲用植物。

戈壁针茅 *Stipa tianschanica var. gobica*

禾本科 Poaceae
针茅属 *Stipa*

形态特征 多年生草本。秆具2～3节，无毛或在节的下部具柔毛，基部宿存枯叶鞘。叶鞘无毛，短于节间，边缘被短柔毛；叶片纵卷如针状。圆锥花序紧缩，基部为顶生叶鞘所包；小穗浅绿色；颖披针形，先端长渐尖，3脉，两颖等长或第一颖稍长，外稃顶端光滑，不具毛环；基盘尖锐，密生柔毛，芒一回膝曲扭转，芒针具羽状毛；内稃与外稃近等长，具2脉，脊上具柔毛。

分布与生境 河西走廊地区常见荒漠植物，在敦煌石窟群周边均有分布。生于石砾质戈壁、路旁及平沙地。

资源价值 荒漠草原优等饲用植物。

普通小麦☆ *Triticum aestvum*

形态特征　一年生草本。秆直立，丛生。叶鞘松弛包茎，下部者长于上部者短于节间；叶舌膜质；叶片长披针形。穗状花序直立，小穗含3～9小花，上部者不发育；颖卵圆形，主脉于背面上部具脊，于顶端延伸为长约1 mm的齿，侧脉的背脊及顶齿均不明显；外稃长圆状披针形，顶端具芒或无芒；内稃与外稃几等长。

分布与生境　河西走廊地区主要粮食作物之一，在榆林窟和五个庙石窟周边有人工种植物。

资源价值　中国北方主要粮食作物之一，种子可食用，亦可药用；味甘，性微寒，无毒；入少阴、太阳之经；可益气除热、止自汗盗汗、骨蒸虚热、妇人劳热。

玉蜀黍[☆] *Zea mays*

形态特征 一年生草本。秆粗壮，通常不分枝，基部各节生支柱根。叶阔长，条状披针形，边缘呈波状。花序单性；雄花序顶生，由多数总状花序形成大型圆锥花序；雄小穗成对生于各节，长达1 cm；雌花序腋生；雌小穗成对，以8～18（30）行密集于一粗壮海绵质的穗轴周围而形成棒状，其外为多数叶状总苞片所包裹，花柱细长，自总苞顶端伸出。

分布与生境 河西走廊地区主要粮食作物之一，在敦煌石窟群周边均有人工种植。

资源价值 秸秆饲用。种子食用和饲用。玉米须可药用；味甘、淡，性平；归膀胱经、肝经、胆经；可利尿消肿、平肝利胆。

◇ 双子叶植物纲 Dicotyledoneae

灰绿黄堇 *Corydalis adunca*

罂粟科 Papaveraceae
紫堇属 *Corydalis*

形态特征 多年生草本，无毛，有白粉。根状茎粗壮，顶部分枝。茎数条，高18～40 cm，通常分枝，灰绿色。基生叶多数，与茎下部叶均具长柄，茎上部叶较小，具短柄；叶片灰绿色，肉质，轮廓狭卵形，三回羽状全裂，一回裂片具短柄，末回小裂片狭倒卵形或狭卵形，顶端圆形或钝，常具短尖。总状花序长3～15 cm；苞片狭披针形或钻形；萼片小，卵形，长渐尖；花瓣淡黄色。蒴果近条形。

分布与生境 仅在五个庙石窟周边有分布。生于干旱山地、河滩地或石缝中。

资源价值 全草入药；味苦，性凉；归肺经、肝经、胆经；可清肺止咳、清肝利胆、止痛。

花菱草[☆] *Eschscholtzia californica*

罂粟科 Papaveraceae
花菱草属 *Eschscholtzia*

形态特征　多年生（栽培者常为一年生）草本，无毛，植株带蓝灰色。茎直立，明显具纵肋，分枝多，开展，呈二歧状。基生叶数枚，叶柄长，叶片灰绿色，多回三出羽状细裂；茎生叶与基生叶同，但较小且具短柄。花单生于茎和分枝顶端；花托凹陷，漏斗状或近管状，花开后成杯状，边缘波状反折；花萼卵珠形，顶端呈短圆锥状，萼片2，花期脱落；花瓣4，三角状扇形，黄色，基部具橙黄色斑点；雄蕊多数，花丝丝状，基部加宽，花药条形，橙黄色；子房狭长，花柱短，柱头4，钻状线形，不等长。蒴果狭长圆柱形，自花托上脱落后，2瓣自基部向上开裂，具多数种子。种子球形，具明显的网纹。

分布与生境　观赏花卉，在莫高窟和五个庙石窟周边有人工种植。

资源价值　园林花坛、花境布设花卉和鲜切花材料。

虞美人 ☆ *Papaver rhoeas*

形态特征　一年生草本植物，全株被伸展的刚毛，稀无毛。茎直立，具分枝。叶片轮廓披针形或狭卵形，羽状分裂，裂片披针形。花单生于茎和分枝顶端；花蕾长圆状倒卵形，下垂；萼片2，宽椭圆形；花瓣4，圆形、横向宽椭圆形或宽倒卵形，全缘，稀圆齿状或顶端缺刻状，紫红色，基部通常具深紫色斑点。蒴果宽倒卵形，无毛，具不明显的肋。种子多数，肾状长圆形，长约1 mm。

分布与生境　观赏花卉，在莫高窟、西千佛洞和五个庙石窟周边均有大面积人工种植。

资源价值　园林花坛布设花卉。以全草或花、果实入药；味苦、涩，性微寒，有毒；归大肠经；可镇咳、镇痛、止泻。

陇西小檗 *Berberis farreri*

形态特征　落叶灌木。老枝暗灰色，幼枝淡紫红色。叶纸质，椭圆状倒卵形，先端钝，基部骤缩或下延，叶缘平展，具10～20刺齿，幼枝常具全缘叶。总状花序具15～22花；花梗细弱，光滑无毛；花黄色；萼片2轮，外萼片阔倒卵形，先端圆形，内萼片狭倒卵形，先端圆形；花瓣狭倒卵形，先端钝，近全缘，基部稍缢缩成爪，具2分离的长圆形腺体；雄蕊长约2.5 mm，药隔先端不延伸，钝形；胚珠2。浆果椭圆形，红色，顶端具极短宿存花柱，不被白粉。

分布与生境　引种植物，仅莫高窟周边有人工种植。

资源价值　根、茎入药；味苦，性寒；可清热燥湿、泻火解毒。

紫叶小檗[☆] *Berberis thunbergia* var. *atropurpurea*

小檗科 Berberidaceae
小檗属 *Berberis*

形态特征　灌木。幼枝淡红带绿色，无毛；老枝暗红色具条棱。叶菱状卵形，长先端钝，基部下延成短柄，全缘，表面黄绿色，背面带灰白色，具细乳突，两面均无毛。花2～5聚成具短总梗并近簇生的伞形花序，或无总梗而呈簇生状；花瓣长圆状倒卵形，先端微缺；雄蕊长3～3.5 mm，花药先端截形。浆果红色，椭圆体形，稍具光泽。

分布与生境　河西走廊地区园林绿化和花坛布设树种，在敦煌石窟群周边均有人工种植。

资源价值　良好的观果、观叶和刺篱材料。根、茎入药；味苦，性寒，无毒；可清热燥湿、泻火解毒。

甘青铁线莲 *Clematis tangutica*

毛茛科 Ranunculaceae
铁线莲属 *Clematis*

形态特征 木质藤本，在荒漠地区呈矮小灌木状。枝被柔毛。一回至二回羽状复叶；小叶菱状卵形或窄卵形，先端尖，具小齿，两面脉疏被柔毛。花单生枝顶，或1~3花组成腋生花序，苞片似小叶；花梗长3.5~16.5 cm；萼片4，黄色外面带紫色，窄卵形或长圆形，顶端常骤尖，疏被柔毛，边缘被柔毛；花丝被柔毛，花药窄长圆形，无毛，顶端具不明显小尖头。瘦果菱状倒卵圆形，被毛，宿存花柱长达5 cm。

分布与生境 河西走廊地区常见藤本植物，在敦煌石窟群周边均有分布。生于田边、林间及水沟旁。

资源价值 全株入药；味甘、苦，性平；归脾经、胃经；可健胃消积、解毒化湿。

灰叶铁线莲 *Clematis tomentella*

毛茛科 Ranunculaceae
铁线莲属 *Clematis*

形态特征 直立小灌木。枝有棱，带红褐色，有较密细柔毛，老枝灰色。单叶对生或数叶簇生；叶片灰绿色，革质，狭披针形或长椭圆状披针形，顶端锐尖或凸尖，基部楔形，全缘，偶尔基部有1~2齿或小裂片，两面有细柔毛。花单生或聚伞花序有3花，腋生或顶生；萼片4，斜上展呈钟状，黄色，长椭圆状卵形，顶端尾尖，除外面边缘密生绒毛外，其余为细柔毛；雄蕊无毛，花丝狭披针形，长于花药。瘦果密生白色长柔毛。

分布与生境 河西走廊地区常见荒漠植物，在莫高窟、榆林窟周边有分布。生于石质山沟、砾质戈壁及砾质河滩。

资源价值 低等饲用植物。花可供栽培观赏。

翠雀 *Delphinium grandiflorum*

形态特征   多年生草本。基生叶和茎下部叶具长柄；叶片多圆肾形，3全裂，裂片细裂，小裂片条形。总状花序具3～15花，轴和花梗被反曲的微柔毛；小苞片条形或钻形；萼片5，蓝色或紫蓝色，花瓣2，有距；距通常较萼片稍长，钻形；退化雄蕊2，瓣片宽倒卵形，微凹，有黄色髯毛；雄蕊多数；心皮3。

分布与生境   仅在五个庙石窟周边有分布。生于田边、林缘、河谷草甸。

资源价值   以根入药；味苦，性寒；归胃经、大肠经；可清热燥湿。

水葫芦苗 *Halerpestes cymbalaria*

毛茛科 Ranunculaceae
碱毛茛属 *Halerpestes*

形态特征　多年生草本。匍匐茎细长，横走。叶多数；叶片纸质，多近圆形，或肾形、宽卵形，宽稍大于长，基部圆心形、截形或宽楔形，边缘有3~7圆齿，有时3~5裂，无毛；叶柄稍有毛。花葶1~4，无毛；苞片线形；花小；萼片绿色、卵形，无毛，反折；花瓣5，狭椭圆形，与萼片近等长，顶端圆形，基部有长约1 mm的爪，爪上端有点状蜜槽；花药长0.5~0.8 mm，花丝长约2 mm；花托圆柱形，长约5 mm，有短柔毛。聚合果椭圆球形，直径约5 mm；瘦果小而极多，斜倒卵形，两面稍鼓起，有3~5纵肋，无毛，喙极短，呈点状。

分布与生境　河西走廊地区常见水生植物，在敦煌石窟群周边均有分布。生于盐碱性沼泽地或湖边。

资源价值　全草入药；味甘、淡，性寒；可利水消肿、祛风除湿。

长叶碱毛茛 *Halerpestes ruthenica*

形态特征　多年生草本。匍匐茎细长。叶具长柄；无毛叶宽梯形或卵状梯形，先端近平截，疏生钝齿，或微3裂，基部近平截或宽楔形。花葶高达24 cm，疏被柔毛；花1～3顶生；萼片窄卵形；花瓣6～12，倒卵状披针形；雄蕊50～78，较花瓣短2倍。聚合果卵球形；瘦果，紧密排列，斜倒卵圆形，无毛，边缘有狭棱。

分布与生境　河西走廊地区湿地常见植物，在敦煌石窟群周边均有分布。生于河流两侧、湖泊周边及湿地中。

资源价值　全草入药；味甘、淡，性寒；可利水消肿、祛风除湿。

芍药[☆] *Paeonia lactiflora*

毛茛科 Ranunculaceae
芍药属 *Paeonia*

形态特征 多年生草本。茎无毛。茎下部叶为二回三出复叶；小叶狭卵形、披针形或椭圆形，边缘密生骨质白色小齿，下面沿脉疏生短柔毛。花顶生并腋生，直径5.5~10 cm；苞片4~5，披针形；萼片4，长1.5~2 cm；花瓣9~13，白色或粉红色，倒卵形；雄蕊多数；心皮4~5，无毛。

分布与生境 河西走廊地区常见栽培花卉，在莫高窟、西千佛洞和榆林窟周边均有人工种植。

资源价值 中国传统栽培观赏花卉。块根入药；味苦，性平，无毒；主治邪气腹痛，除血痹，破坚积，治寒热、疝瘕，利小便，止痛，益气。

牡丹 ☆ *Paeonia suffruticosa*

毛茛科 Ranunculaceae
芍药属 *Paeonia*

形态特征　落叶灌木。树皮黑灰色，分枝短而粗。叶纸质，通常为二回三出复叶；顶生小叶3裂近中部，裂片上部3浅裂或不裂；侧生小叶较小，斜卵形，不等2浅裂，上面绿色，无毛，下面有白粉，只在中脉上有疏柔毛或近无毛。花单生枝顶，大；萼片5，绿色；花瓣5，或为重瓣，白色、红紫色或黄色，倒卵形，先端常2浅裂；雄蕊多数，花丝狭条形，花药黄色；花盘杯状，红紫色，包住心皮，在心皮成熟时开裂；心皮5，密生柔毛。蓇葖果卵形，密生褐黄色毛。

分布与生境　河西走廊地区常见栽培花卉，在莫高窟、榆林窟周边有人工种植。

资源价值　园林观赏花卉。牡丹皮及花入药；味辛、苦，性平，无毒；入肾经、肝经；可止吐血、衄血、呕血、咯血，兼消瘀血，除症坚，定神志，更善调经，止惊搐，疗痈肿，排脓住痛。

小叶黄杨[☆] *Buxus sinica var. parvifolia*

形态特征　灌木。小枝四棱形，全面被短柔毛或外方相对两侧面无毛。叶薄革质，阔椭圆形或阔卵形，叶面无光或光亮，侧脉明显凸出；叶柄上面被毛。花序腋生，头状，花密集，苞片阔卵形，背部多少有毛；雄花约10，无花梗，外萼片卵状椭圆形，内萼片近圆形，无毛，不育雌蕊有棒状柄，末端膨大，高2 mm左右；雌花萼片长3 mm，子房较花柱稍长，无毛，花柱粗扁，柱头倒心形，下延达花柱中部。蒴果近球形无毛。

分布与生境　河西走廊地区常见园林绿化植物，莫高窟和西千佛洞周边有人工种植。

资源价值　城市绿化、绿篱设置的主要灌木品种。茎枝入药；性平，味苦，无毒；可祛风湿、理气、止痛。

八宝景天 *Hylotelephium erythrostictum*

景天科 Crassulaceae
八宝属 *Hylotelephium*

形态特征　多年生草本。块根胡萝卜状。茎直立。叶对生，稀互生或3叶轮生，长圆形或卵状长圆形，先端钝，基部楔形，有疏锯齿；无柄。伞房状花序顶生，花密生；萼片5，卵形；花瓣5，白色或粉红色，宽披针形；雄蕊与花瓣等长或稍短，花药紫色；鳞片5，长圆状楔形，先端微缺；心皮5，直立，基部近分离。

分布与生境　河西走廊地区园林栽培花卉，在敦煌石窟群周边有人工种植。

资源价值　园林观赏花卉。全草入药；味甘、涩、微苦，性平；归心经、肺经、肾经；可清热解毒、散瘀消肿、止血。

费菜[☆] *Phedimus aizoon*

形态特征　多年生草本。根状茎短，茎直立，无毛，不分枝。叶互生，狭披针形、椭圆状披针形至卵状倒披针形，先端渐尖，基部楔形，边缘有不整齐的锯齿，叶坚实，近革质。聚伞花序多花，水平分枝，平展，下托以苞叶；萼片5，线形，肉质，不等长，先端钝；花瓣5，黄色，长圆形至椭圆状披针形，有短尖；雄蕊10，较花瓣短；鳞片5，近正方形，心皮5，卵状长圆形，基部合生，腹面凸出，花柱长钻形。蓇葖星芒状排列。种子椭圆形。

分布与生境　河西走廊地区园林栽培花卉，在莫高窟周边有人工种植。

资源价值　园林绿化植物。全草入药；味酸，性平；入心、肝、脾三经；有活血、止血、宁心、利湿、消肿、解毒之功效。

小球玫瑰☆ *Sedum spurium* cv. 'Dragon's Blood'

景天科 Crassulaceae
景天属 *Sedum*

形态特征　多年生草本，植株低矮，呈匍匐状生长。茎叶通常呈紫红色。茎光滑，表面偶有疣状突起的小点。叶对生，偶有互生，竹片状至倒卵形或圆形、楔形，叶缘呈圆锯齿状；无叶柄或有短柄。花枝匍匐或直立状，表面有疣状突起的小点。稠密的伞状花序，通常3～5分枝；苞片倒披针形或椭圆形，有疣状突起；花通常5瓣，偶6瓣；萼片三角形倒披针状，钝头至尖头；花瓣于基部挺立且通常向上延伸，近卵圆形，短且有尖头，尖端略微卷曲，有隆突，纯白至深红；花药红色。

分布与生境　河西走廊地区园林栽培花卉，在莫高窟周边有人工种植。

资源价值　主要用于园林绿化及花坛布置。

锁阳 [★] *Cynomorium songaricum*

形态特征　多年生肉质寄生草本；无叶绿素，全株红棕色，大部分埋于沙中。茎圆柱状，直立，棕褐色，埋于沙中的茎具有细小须根，茎基部略增粗或膨大。茎上着生螺旋状排列脱落性鳞片叶，向上渐疏；鳞片叶卵状三角形。花丝极短，花药同雄花，雌蕊也同雌花。果为小坚果状，多数非常小，近球形或椭圆形，果皮白色，顶端有宿存浅黄色花柱。种子近球形，深红色，种皮坚硬而厚。

分布与生境　锁阳主要寄生于白刺和泡泡刺根系上，敦煌石窟群周边均有分布。生于沙地及戈壁。

资源价值　国家二级重点保护野生植物。肉质茎药用；味甘，性温；可补肾、益精血、润肠通便。

五叶地锦 *Parthenocissus quinquefolia*

葡萄科 Vitaceae
地锦属 *Parthenocissus*

形态特征 木质藤本。小枝无毛，嫩芽为红色或淡红色；卷须总状，5~9分枝，嫩时顶端尖细而卷曲，遇附着物时扩大为吸盘。掌状复叶具5小叶；小叶倒卵圆形、倒卵状椭圆形或外侧小叶椭圆形，先端短尾尖，基部楔形或宽楔形，有粗锯齿，两面无毛或下面脉上微被疏柔毛。圆锥状多歧聚伞花序假顶生，花序轴明显；花萼碟形，边缘全缘，无毛；花瓣长椭圆形。果球形，有1~4种子。

分布与生境 河西走廊地区常用绿化植物，敦煌石窟群周边均有人工种植。

资源价值 垂直绿化的优选植物。全草可入药；味辛、微涩，性温；归肝经；可祛风止痛、活血通络。

葡萄[☆] *Vitis vinifera*

葡萄科 Vitaceae
葡萄属 *Vitis*

形态特征　木质藤本。小枝圆柱形，有纵棱纹，无毛或被稀疏柔毛；卷须二叉分枝，每隔2节间断与叶对生。叶卵圆形，显著3～5浅裂或中裂，上面绿色，下面浅绿色，无毛或被疏柔毛。圆锥花序密集或疏散，多花，与叶对生，基部分枝发达，几无毛或疏生蛛丝状绒毛；花蕾倒卵圆形；萼浅碟形，边缘呈波状，外面无毛；花瓣5，呈帽状黏合脱落；雄蕊5，花丝丝状，花药黄色，卵圆形，在雌花内显著短而败育或完全退化；雌蕊1，在雄花中完全退化，子房卵圆形，花柱短，柱头扩大。果实球形或椭圆形。种子倒卵椭圆形，顶端近圆形，基部有短喙。

分布与生境　敦煌地区主要栽培果树之一，莫高窟和西千佛洞周边有人工种植。

资源价值　果实供食用，亦可入药；味甘、酸，性平；归肺经、脾经、肾经；可补气血、舒筋络、利小便。

小果白刺 *Nitraria sibirica*

蒺藜科 Zygophyllaceae
白刺属 *Nitraria*

形态特征　落叶矮生具刺灌木。树皮灰白色，小枝具贴生丝状毛。叶簇生，肉质，倒卵状匙形，顶端钝圆，具小突尖，全缘，被丝状毛；托叶早落。花小，直径约8 mm，黄绿色，排成顶生蝎尾状花序；萼片5，三角形；花瓣5；雄蕊10~15；子房3室。

核果锥状卵形，成熟时深紫红色，含1种子。

分布与生境　仅在五个庙石窟周边有分布。生于田边及河滩，常与芨芨草混生。

资源价值　重要的防风固沙植物。以果实入药；味甘、微咸，性温；可调经活血、消食健脾。

泡泡刺 *Nitraria sphaerocarpa*

蒺藜科 Zygophyllaceae
白刺属 *Nitraria*

形态特征　灌木。枝平卧，弯，不孕枝先端刺针状，嫩枝白色。叶近无柄，2~3簇生，条形或倒披针状条形，全缘，先端稍锐尖或钝。花序长2~4 cm，被短柔毛，黄灰色；花瓣白色。果未熟时披针形，先端渐尖，密被黄褐色柔毛，成熟时外果皮干膜质，膨胀成球形；果核狭纺锤形，先端渐尖，表面具蜂窝状小孔。

分布与生境　河西走廊地区荒漠主要树种，敦煌石窟群周边均有分布。生于沙地及砾质戈壁。

资源价值　优良的固沙植物，亦是骆驼和山羊的灌木饲料。

白刺 *Nitraria tangutorum*

形态特征　灌木。多分枝，弯、平卧或开展；不孕枝先端刺针状；嫩枝白色。叶在嫩枝上2～3簇生，宽倒披针形，先端圆钝，基部渐窄成楔形，全缘，稀先端齿裂。花排列较密集。核果卵形，有时椭圆形，熟时深红色，果汁玫瑰色。果核狭卵形，先端短渐尖。

分布与生境　河西走廊地区常见荒漠植物，莫高窟和榆林窟周边有分布。生于沙丘、平沙地及戈壁。

资源价值　沙漠和土壤盐碱地区重要的耐盐固沙植物。以果实入药；味苦，性凉；归心经、肾经；可解毒、杀虫。

骆驼蓬 *Peganum harmala*

蒺藜科 Zygophyllaceae
骆驼蓬属 *Peganum*

形态特征　多年生草本。多分枝，分枝铺地散生，光滑无毛。叶互生，肉质，3～5全裂，裂片条状披针形；托叶条形。花单生，与叶对生；萼片5，披针形，有时顶端分裂；花瓣5，倒卵状矩圆形；雄蕊15，花丝近基部宽展；子房3室，花柱3。蒴果近球形，褐色，3瓣裂开。种子三棱形，黑褐色，有小疣状突起。

分布与生境　河西走廊地区常见荒漠植物，敦煌石窟群周边均有分布。生于荒漠地带干旱草地、绿洲边缘轻盐渍化沙地、低山坡或河谷沙丘。

资源价值　种子入药；味辛、苦，性平，有毒；可止咳平喘、祛风湿、消肿毒。

蒺藜 *Tribulus terrestris*

蒺藜科 Zygophyllaceae
蒺藜属 *Tribulus*

形态特征　一年生或二年生草本。茎平卧。偶数羽状复叶，小叶3～8对。花腋生，黄色，花瓣5；萼片5，宿存；雄蕊10；子房5棱，柱头5裂，每室3～4胚珠。果有分果瓣5，硬，中部边缘有锐刺2，下部常有小锐刺2。

分布与生境　河西走廊地区常见杂草，敦煌石窟群周边均有分布。生长于沙地、荒地、山坡。

资源价值　全草入药；味辛、苦，性微温，有小毒；归肝经；可平肝解郁、活血祛风、明目、止痒。

驼蹄瓣 *Zygophyllum fabago*

蒺藜科 Zygophyllaceae
驼蹄瓣属 *Zygophyllum*

形态特征　多年生草本。茎多分枝，枝条开展或铺散，光滑，基部木质化。托叶革质，卵形或椭圆形，绿色，茎中部以下托叶合生，上部托叶较小，披针形，分离；叶柄显著短于小叶；小叶1对，倒卵形、矩圆状倒卵形，质厚，先端圆形。花腋生；萼片卵形或椭圆形，先端钝，边缘为白色膜质；花瓣倒卵形，与萼片近等长，先端近白色，下部橘红色；雄蕊长于花瓣，鳞片矩圆形，长为雄蕊之半。蒴果矩圆形或圆柱形，5棱，下垂。种子多数，表面有斑点。

分布与生境　河西走廊地区常见植物，敦煌石窟群周边均有分布。生于冲积平原、田边、湿润沙地和荒地。

资源价值　防风固沙植物，荒漠草食动物的优质牧草。

甘肃驼蹄瓣 *Zygophyllum kansuense*

形态特征　多年生草本。根木质。茎由基部分枝，嫩枝具乳头状突起和钝短刺毛。托叶离生，圆形或披针形，边缘膜质；叶柄长2～4 mm，嫩时有乳头状突起和钝短刺毛，具翼，先端有丝状尖头；小叶1对，倒卵形或矩圆形，先端钝圆。花1～2孕生于叶腋；花梗具乳头状突起，后期脱落；萼片绿色，倒卵状椭圆形，长约5 mm，边缘白色；花瓣与萼片近等长，白色，稍带橘红色；雄蕊短于花瓣，中下部具鳞片。蒴果披针形，先端渐尖，稍具棱。

分布与生境　河西走廊地区特有植物，敦煌石窟群周边均有分布。生于沙地、砾质戈壁及荒地。

资源价值　防风固沙植物，荒漠草食动物的优质牧草。

大花驼蹄瓣 *Zygophyllum potaninii*

蒺藜科 Zygophyllaceae
驼蹄瓣属 *Zygophyllum*

形态特征　多年生草本。茎直立或开展，基部多分枝，粗壮，无毛。托叶草质，卵形，连合，边缘膜质；叶轴具窄翅；小叶1~2对，斜倒卵形、椭圆形或近圆形，肥厚。花2~3腋生，下垂；花梗短于萼片；萼片倒卵形，稍黄色；花瓣白色，下部橘黄色，匙状倒卵形，短于萼片；雄蕊长于萼片，鳞片条状椭圆形，长为花丝之半。蒴果下垂，近球形，具5翅。

分布与生境　仅在榆林窟周边有分布。生于沙地、砾质及石砾质低山坡。

资源价值　防风固沙植物，荒漠草食动物的优质牧草。

翼果驼蹄瓣 *Zygophyllum pterocarpum*

蒺藜科 Zygophyllaceae
驼蹄瓣属 *Zygophyllum*

形态特征　多年生草本。茎多数，细弱，开展。托叶卵形，上部者披针形；叶柄扁平，具翼；小叶2~3对，条状矩圆形或披针形，先端锐尖或稍钝，灰绿色。花1~2生于叶腋；花梗于花后伸长；萼片椭圆形，先端钝；花瓣矩圆状倒卵形，稍长于萼片，上部白色，下部橘红色，先端钝，基部楔形；雄蕊不伸出花瓣，鳞片长为花丝的1/3。蒴果矩圆状卵形或卵圆形，两端常圆钝，具翅。

分布与生境　河西走廊地区常见荒漠植物，敦煌石窟群周边均有分布。生于石质山坡、洪积扇、盐化沙地。

资源价值　荒漠草食动物的优质牧草。

霸王 *Zygophyllum xanthoxylon*

蒺藜科 Zygophyllaceae
驼蹄瓣属 *Zygophyllum*

形态特征　灌木。枝弯曲，开展，皮淡灰色，木质部黄色，先端具刺尖，坚硬。叶在老枝上簇生，幼枝上对生；叶柄长8~25 mm；小叶1对，长匙形、狭矩圆形或条形，先端圆钝，基部渐狭，肉质。花生于老枝叶腋；萼片4，倒卵形，绿色，长4~7 mm；花瓣4，倒卵形或近圆形，淡黄色；雄蕊8，长于花瓣。蒴果近球形，常3室，每室有1种子。种子肾形。

分布与生境　河西走廊地区主要荒漠树种，敦煌石窟群周边均有分布。生于荒漠和半荒漠的沙砾质河流阶地、低山山坡、碎石低丘等。

资源价值　优良的水土保持树种。根可入药；味辛，性温；归胃经；可行气宽中、主气滞腹胀。

骆驼刺 *Alhagi camelorum*

形态特征 半灌木。茎直立，具细条纹，无毛或幼茎具短柔毛，从基部开始分枝，枝条平行上升。叶互生，卵形、倒卵形或倒圆卵形，全缘，无毛；具短柄。总状花序，腋生，花序轴变成坚硬的锐刺，刺长为叶的2～3倍，无毛，当年生枝条的刺上具花3～6（～8）；萼钟状，被短柔毛，萼齿三角形或钻状三角形；花冠深紫红色，旗瓣倒长卵形，先端钝圆或截平，基部楔形，具短瓣柄，翼瓣长圆形，龙骨瓣与旗瓣约等长；子房线形，无毛。荚果线形，常弯曲，几无毛。

分布与生境 河西走廊地区主要荒漠植物，敦煌石窟群周边均有分布。生于沙地、戈壁及湿地。

资源价值 叶片和种子入药；味甘、酸，性温，无毒；可治疗痢疾、腹泻、腹痛、消化不良等疾病。

沙冬青★ *Ammopiptanthus mongolicus*

形态特征　常绿灌木，小枝密生平贴短柔毛。叶为掌状三出复叶，少有单叶；托叶小，与叶柄连合而抱茎；叶柄长5~10 mm，密生银白色短柔毛；小叶菱状椭圆形或阔披针形，先端急尖或钝，微凹，基部楔形，两面密生银白色绵毛。总状花序顶生；花互生，密；苞片卵形，有白色短柔毛；萼筒状，疏生柔毛；花冠黄色。荚果扁平，长椭圆形，无毛；具2~5种子。

分布与生境　宁夏沙坡头地区引种植物，在莫高窟周边有人工种植。

资源价值　国家二级重点保护野生植物。优良的防风固沙植物。茎、叶可入药；味辛、苦，性温，有毒；归心经；可祛风除湿、活血散瘀。

紫穗槐[☆] *Amorpha fruticosa*

形态特征　灌木。羽状复叶；小叶11～25，卵形、椭圆形或披针状椭圆形，先端圆或微凹，有短尖，基部圆形，两面有白色短柔毛。穗状花序集生于枝条上部，长7～15 cm；花冠紫色，旗瓣心形，没有翼瓣和龙骨瓣；雄蕊10，5个一组，包于旗瓣之中，伸出花冠外。荚果下垂，弯曲，棕褐色，有瘤状腺点，长7～9 mm，宽约3 mm。

分布与生境　河西走廊地区常见园林绿化树种，在莫高窟周边有大面积人工栽培。

资源价值　优良绿肥，蜜源植物，园林绿化植物。叶药用；味微苦，性凉；具祛湿消肿功效。

哈密黄芪 *Astragalus hamiensis*

形态特征　多年生草本。茎直立，多分枝。羽状复叶，具短叶柄；托叶三角形，下部多少合生；小叶椭圆形、披针形或卵圆形。总状花序排列较紧密；苞片披针形，较花梗长，被白色毛；花萼钟状管形，萼齿钻形，长为筒部的1/3～1/2；花冠白色或淡红色，旗瓣倒卵形，先端微缺，瓣柄不明显。荚果细圆柱形，微弯，被白色伏贴毛或半开展毛。

分布与生境　仅在五个庙石窟周边有分布。生于戈壁滩上及近水的沙地。

资源价值　全草入药；味甘，性微温；入肺经、脾经；可益卫固表、利水消肿、托疮、生肌。

斜茎黄芪 *Astragalus laxmannii*

形态特征　多年生草本。茎直立。羽状复叶；小叶7～23，卵状椭圆形或椭圆形，先端钝，基部圆形，上面无毛或近无毛，下面有白色丁字毛；叶轴和小叶柄疏生丁字毛；托叶三角形。总状花序腋生；花萼筒状，萼齿5，有黑色丁字毛；花冠蓝色或紫红色，旗瓣倒卵状匙形，长约1.5 cm，无爪，翼瓣长约1.2 cm，龙骨瓣短于翼瓣；子房有短柄，有白色丁字毛。荚果圆筒形，有黑色丁字毛。

分布与生境　在西千佛洞和五个庙石窟周边有分布。生于山坡草地、河滩或盐土上。

资源价值　优良牧草和水土保持植物。种子入药。

长毛荚黄芪 *Astragalus macrotrichus*

形态特征　多年生草本。茎极短缩，不明显。叶有3小叶，密集覆盖地表；小叶近无柄，宽卵形或近圆形，先端具短尖头，两面被白色伏贴粗毛。总状花序生1～2花，总花梗生于基部叶腋；苞片膜质，卵状披针形，渐尖，被白色粗毛；花萼钟状管形，被白色开展的毛，萼齿狭披针形，长约为筒的1/3；花冠淡黄色，旗瓣倒披针形，下部渐狭，翼瓣较旗瓣稍短，瓣片狭长圆形，较瓣柄稍短，龙骨瓣瓣片中部微内弯，与瓣柄等长或稍短。荚果长圆形，膨胀，两端尖，密被白色长柔毛，假2室。种子小，深绿色。

分布与生境　仅在五个庙石窟周边有分布。多生于针茅群丛中及戈壁滩上。

资源价值　优良牧草和绿肥作物。

草木犀状黄芪 *Astragalus melilotoides*

形态特征　多年生草本。茎直立，有疏柔毛。羽状复叶；小叶3～7，矩圆形或条状矩圆形，先端截形，微凹，基部楔形，两面有短柔毛；叶轴有短柔毛；托叶披针形。总状花序腋生，花多，疏生，小；萼钟状，萼齿5，三角形，有黑色和白色短柔毛；花冠粉红色或白色，龙骨瓣带紫色，旗瓣无爪，较翼瓣及龙骨瓣稍长；子房无毛，无柄。荚果小，近圆形。

分布与生境　河西走廊地区常见杂草，西千佛洞周边有分布。生于沙地、河滩、路旁和林间。

资源价值　半干旱地区的优良牧草，可作为沙区及黄土丘陵地区水土保持草种。茎秆可做扫帚。

铃铛刺 *Caragana halodendron*

形态特征　灌木。树皮暗灰褐色，分枝密，具短枝，当年生小枝密被白色短柔毛。叶轴宿存，呈针刺状；小叶倒披针形，顶端有凸尖，基部楔形，小叶柄极短。总状花序，有花；总花梗长，密被绢质长柔毛；花梗细；小苞片钻状；花萼密被长柔毛，基部偏斜，萼齿三角形；旗瓣边缘稍反折，翼瓣与旗瓣近等长；子房无毛，有长柄。荚果，背腹稍扁。种子小，微呈肾形。

分布与生境　在瓜州的榆林窟和锁阳城周边有分布。生于荒漠盐化沙土和河流沿岸的盐质土上。

资源价值　可做盐碱土改良和固沙植物，骆驼和羊喜食牧草，还是良好的蜜源物。

柠条锦鸡儿☆ *Caragana korshinskii*

豆科 Fabaceae
锦鸡儿属 *Caragana*

形态特征　灌木。羽状复叶；托叶在长枝者硬化成刺，宿存；小叶6～8对，披针形或狭长圆形。花黄色，旗瓣具短瓣柄，翼瓣瓣柄细窄，稍短于瓣片，龙骨瓣具长瓣柄；子房披针形。荚果扁，披针形，有时被疏柔毛。

分布与生境　河西走廊地区主要治沙树种，在莫高窟有大面积人工种植，为莫高窟治沙主要树种。

资源价值　枝叶可做绿肥和饲料。茎皮可制"毛条麻"。优良蜜源树种。西北地区营造防风固沙林及水土保持林的重要树种。以根、花、种子入药；味甘，性温；全草和花可滋补养血，种子可止痒杀虫。

甘肃旱雀豆 *Chesniella ferganensis*

形态特征　多年生草本。茎平卧，多分枝，密被开展的短柔毛。羽状复叶叶柄与叶轴纤细，均密被开展的短柔毛；小叶7～11，倒卵状披针形，两面密被白色开展的短柔毛。花单生于叶腋；小苞片与苞片近同形；花萼钟状，疏被短柔毛，萼齿线形，较萼筒长，先端具暗褐色腺体，上边的2齿大部分连合；花冠粉红色，瓣片圆形，背面密被短柔毛，先端凹，瓣柄与耳几相等。荚果小，狭长圆形，微膨胀，密被开展的长柔毛。

分布与生境　仅在东千佛洞周边有分布。生于干旱沙地、河岸沙质地。

资源价值　防风固沙植物。

红花羊柴 *Corethrodendron multijugum*

豆科 Fabaceae
羊柴属 *Corethrodendron*

形态特征　半灌木。茎直立，多分枝。羽状复叶；小叶通常15～29，阔卵形，上面无毛，下面被贴伏短柔毛。总状花序腋生；花冠紫红色，旗瓣倒阔卵形，翼瓣线形，龙骨瓣稍短于旗瓣；子房线形。荚果通常2～3节，节荚椭圆形。

分布与生境　河西走廊地区常见荒漠植物，在榆林窟、西千佛洞和五个庙石窟均有分布。生于砾石质山坡、河滩及戈壁。

资源价值　根可入药，有补中升阳、固表止汗、利尿排脓、蜜炒补虚之功效。

细枝羊柴 *Corethrodendron scoparium*

形态特征　半灌木。茎直立，多分枝。叶灰绿色，线状长圆形或狭披针形，先端锐尖，基部楔形，表面被短柔毛或无毛，背面被较密的长柔毛；无柄或近无柄。总状花序腋生；花少数，苞片卵形；花萼钟状，上萼齿宽三角形，稍短于下萼齿；花冠紫红色，旗瓣倒卵形或倒卵圆形，翼瓣线形，龙骨瓣通常稍短于旗瓣；子房线形。荚果节荚宽卵形。种子圆肾形，淡棕黄色，光滑。

分布与生境　河西走廊地区主要荒漠树种，在莫高窟有大面积人工种植，用于植物固沙。

资源价值　优良固沙植物，幼嫩枝叶为优良饲料，花为优良的蜜源，种子为优良的精饲料和油料。

大豆[☆] *Glycine max*

形态特征　一年生直立草本。茎粗壮，密生褐色长硬毛。小叶3，卵形，先端渐尖，基部宽楔形或圆形，两面均生白色长柔毛，侧生小叶较小，斜卵形；叶轴及小叶柄密生黄色长硬毛；托叶及小托叶均密生黄色柔毛。总状花序腋生，苞片及小苞片披针形，有毛；萼钟状，萼齿，披针形，下面一齿最长，均密生白色长柔毛；花冠小，白色或淡紫色，稍较萼长。荚果矩形，略弯，下垂，黄绿色，密生黄色长硬毛。种子2～5，黄绿色，卵形至近球形。

分布与生境　河西走廊地区主要栽培作物，敦煌石窟群周边均有人工种植。

资源价值　中国主要油料作物之一。种子可食用，亦可药用；味甘，性平；入足阳明经；可宽中下气、利大肠、消肿毒、明目镇心、消水去肿。

胀果甘草* *Glycyrrhiza inflata*

豆科 Fabaceae
甘草属 *Glycyrrhiza*

形态特征　多年生草本。根与根状茎粗壮。茎直立，基部带木质，多分枝。托叶小三角状披针形；叶柄、叶轴均密被褐色鳞片状腺点，幼时密被短柔毛；小叶卵形、椭圆形或长圆形。总状花序腋生，具多数疏生的花；总花梗与叶等长或短于叶；花萼钟状，披针形，与萼筒等长；花冠紫色或淡紫色，旗瓣长椭圆形。荚果椭圆形或长圆形，直或微弯，二种子间膨胀或与侧面不同程度下隔，被褐色的腺点和刺毛状腺体，疏被长柔毛。种子1~4，圆形，绿色。

分布与生境　河西走廊地区常见草本植物，在敦煌石窟群周边均有分布。生于河岸阶地、水边、农田边或荒地中。

资源价值　国家二级重点保护野生植物。优质牧草。根和根状茎供药用；味甘，性平；归心经、肺经、脾经、胃经；可补脾益气、清热解毒、祛痰止咳、缓急止痛、调和诸药。

甘草* *Glycyrrhiza uralensis*

豆科 Fabaceae
甘草属 *Glycyrrhiza*

形态特征　多年生草本。根和根状茎粗壮，皮红棕色。茎直立，有白色短毛和刺毛状腺体。羽状复叶；小叶7~17，卵形或宽卵形，先端急尖或钝，基部圆，两面有短毛和腺体。总状花序腋生，花密集；花萼钟状，外面有短毛和刺毛状腺体；花冠蓝紫色。荚果条形，呈镰刀状或环状弯曲，外面密生刺毛状腺体。种子6~8，肾形。

分布与生境　河西走廊地区常见药用植物，敦煌石窟群周边均有分布。生于干旱沙地、河岸沙质地、山坡草地及盐渍化土壤中。

资源价值　国家二级重点保护野生植物。根入药；味甘，性平；归心经、肺经、脾经、胃经；可补脾益气、清热解毒、祛痰止咳、缓急止痛、调和诸药。

天蓝苜蓿 *Medicago lupulina*

形态特征　一年生草本。茎有疏毛。羽状三出复叶；小叶宽倒卵形至菱形，先端钝圆，微缺，上部具锯齿，基部宽楔形，两面均有白色柔毛；小叶柄有毛；托叶斜卵形，有柔毛。花10～15密集成头状花序；花萼钟状，有柔毛，萼筒短，萼齿长；花冠黄色，稍长于花萼。荚果弯，呈肾形，成熟时黑色，具纵纹，无刺，有疏柔毛。种子1，黄褐色。

分布与生境　河西走廊地区常见杂草，敦煌石窟群周边均有分布。生于田间、林地及道路两旁。

资源价值　优良牧草。

花苜蓿 *Medicago ruthenica*

豆科 Fabaceae
苜蓿属 *Medicago*

形态特征　多年生草本，根系发达。茎直立或上升，四棱形，基部分枝，丛生。羽状三出复叶；小叶形状变化很大，长圆状倒披针形、楔形、线形以至卵状长圆形，顶生小叶稍大，侧生小叶柄甚短，被毛。花序伞形；总花梗腋生，通常比叶长，挺直，有时也纤细并比叶短；萼钟形，被柔毛，萼齿披针状锥尖，与萼筒等长或短；花冠黄褐色，中央深红色至紫色带条纹，旗瓣倒卵状长圆形、倒心形至匙形，先端凹头，翼瓣稍短，长圆形，龙骨瓣明显短，卵形，均具长瓣柄。荚果长圆形或卵状长圆形，扁平，先端钝急尖，具短喙，熟后变黑。

分布与生境　河西走廊地区常见田间杂草，在敦煌石窟群周边均有分布。生于草原、沙地、河岸及沙砾质土壤的山坡旷野。

资源价值　优良牧草。全草药用；味苦，性寒；可退烧、消炎、止血。

紫苜蓿 [☆] *Medicago sativa*

形态特征　多年生草本。叶具3小叶，小叶倒卵形或倒披针形，先端圆，中肋稍突出，上部叶缘有锯齿，两面有白色长柔毛；小叶柄长约1 mm，有毛；托叶披针形，先端尖，有柔毛，长约5 mm。总状花序腋生；花萼有柔毛，萼齿狭披针形，急尖；花冠紫色，长于花萼。荚果螺旋形，有疏毛，先端有喙。种子数粒，肾形，黄褐色。

分布与生境　河西走廊地区常见牧草，敦煌石窟群周边均有大面积人工种植。

资源价值　优良饲用植物，又可做绿肥。种子可榨油。嫩枝叶可食用。全草入药；味苦、微涩，性平；可健胃、清热利尿。

白花草木犀 *Melilotus alba*

形态特征　二年生草本。茎直立，全草有香气。羽状三出复叶；小叶椭圆形或披针状椭圆形，先端截形，微凹陷，边缘具细齿；托叶狭三角形，先端尖锐呈尾状，基部宽。总状花序腋生；萼钟状，有微柔毛，萼齿三角形，与萼筒等长；花冠白色，较萼长，旗瓣比翼瓣稍长。荚果卵球形，灰棕色，具凸起脉网，无毛。种子1～2，褐黄色，肾形。

分布与生境　河西走廊地区常见牧草，在敦煌石窟群周边均有分布。生于田边、路旁、荒地及湿润的沙地。

资源价值　优良的饲料与绿肥植物。全草入药；味辛、苦，性凉；可清热、解毒、化湿、杀虫。

草木犀 *Melilotus officinalis*

豆科 Fabaceae
草木犀属 *Melilotus*

形态特征　二年生草本，全草有香气。羽状三出复叶；小叶椭圆形，先端圆，具短尖头，边缘具锯齿；托叶三角形，基部宽，有时分裂。花排列成总状花序，腋生；花萼钟状，萼齿三角形；花冠黄色，旗瓣与翼瓣近等长。荚果卵圆形，稍有毛，网脉明显。种子1，矩形，褐色。

分布与生境　河西走廊地区常见杂草，敦煌石窟群周边均有分布。生于沙地、山坡、草原、滩涂及农区的田埂、路旁和弃耕地上。

资源价值　优质牧草和绿肥。地上部分药用；味微甘，性平；归脾经、大肠经；有止咳平喘、散结止痛之功效。

驴食草 *Onobrychis viciifolia*

豆科 Fabaceae
驴食草属 *Onobrychis*

形态特征　多年生草本。茎直立，中空，被向上贴伏的短柔毛。小叶13～19，几无小叶柄；小叶片长圆状披针形或披针形，上面无毛，下面被贴伏柔毛。总状花序腋生，明显超出叶层；花多数，具1 mm左右的短花梗；萼钟状，萼齿披针状钻形，长为萼筒的2～2.5倍，下萼齿较短；花冠玫瑰紫色，旗瓣倒卵形，翼瓣长为旗瓣的1/4，龙骨瓣与旗瓣约等长；子房密被贴伏柔毛。荚果具1个节荚，节荚半圆形，上部边缘具或尖或钝的刺。

分布与生境　河西走廊地区园林绿化栽培花卉，莫高窟周边有人工种植。

资源价值　优质的牧草和蜜源植物，亦是优良的水土保持树种。

小花棘豆 *Oxytropis glabra*

形态特征　多年生草本。茎多分枝，直立或平铺，有疏毛。托叶矩圆状卵形，基部连合，与叶柄分离；小叶9～13，矩圆形，先端渐尖，有突尖，基部圆，上面无毛，下面有疏柔毛。花稀疏，排成腋生总状花序；总花梗通常较叶长；花萼筒状，疏生长柔毛，萼齿条形；花冠紫色，旗瓣倒卵形，顶端近截形，浅凹或具细尖，龙骨瓣先端有喙。荚果下垂，长椭圆形，膨胀，密生长柔毛。

分布与生境　仅在五个庙石窟周边有分布。生于山坡草地、河滩或盐土上。

资源价值　全草药用；有毒；能麻醉、镇静、止痛；主治关节痛、牙痛、神经衰弱、皮肤痛痒。

菜豆☆ *Phaseolus vulgaris*

形态特征　一年生缠绕草本，生短柔毛。羽状复叶；小叶3，顶生小叶阔卵形或菱状卵形，先端急尖，基部圆形或宽楔形，两面沿叶脉有疏柔毛，侧生小叶偏斜；托叶小，基部着生。总状花序腋生，比叶短；花生于总花梗的顶端，小苞片斜卵形，较萼长；萼钟形，萼齿4，有疏短柔毛；花冠白色、黄色，后变淡紫红色。荚果条形，略膨胀，无毛。种子球形或矩圆形，白色、褐色、蓝黑色或绛红色，光亮，有花斑。

分布与生境　河西走廊地区常见栽培蔬菜，在敦煌石窟群周边均有人工种植。

资源价值　荚果供食用。成熟种子、果壳及根入药；味甘，性温；可温中降逆、补肾、通经活血、止泻、散瘀止痛。

豌豆[☆] *Pisum sativum*

形态特征　一年生攀援草本。叶具4~6小叶；小叶卵圆形；托叶比小叶大，叶状心形，下缘具细齿。花于叶腋单生或数花排列为总状花序；花萼钟状，5深裂，裂片披针形；花冠多为白色和紫色；雄蕊（9+1）两体；子房无毛，花柱扁，内面有髯毛。荚果肿胀，长椭圆形。种子圆形，青绿色。

分布与生境　河西走廊地区常见栽培作物，在莫高窟周边有人工种植。

资源价值　种子及嫩荚、嫩苗均可食用。全草入药；味甘，性平；归脾经、胃经；具有益中气、止泻痢、调营卫、利小便、消痈肿、解乳石毒之功效。

毛洋槐 ☆ *Robinia hispida*

豆科 Fabaceae
刺槐属 *Robinia*

形态特征 落叶灌木。幼枝绿色，密被紫红色硬腺毛及白色曲柔毛。羽状复叶，叶轴被刚毛及白色短曲柔毛，上面有沟槽；小叶5~7（~8）对，椭圆形、卵形、阔卵形至近圆形。总状花序腋生，除花冠外，均被紫红色腺毛及白色细柔毛，花3~8；花萼紫红色，斜钟形，萼齿卵状三角形，先端尾尖至钻状；花冠红色至玫瑰红色，花瓣具柄，旗瓣近肾形，先端凹缺，翼瓣镰形，龙骨瓣近三角形，先端圆，前缘合生，与翼瓣均具耳。荚果线形，扁平，密被腺刚毛，先端急尖。

分布与生境 河西走廊地区常见园林绿化树种，敦煌石窟群周边均有人工种植。

资源价值 树冠浓密，花大且色泽艳丽，适于孤植、列植、丛植在疏林、草坪、公园、高速公路及城市主干道两侧。

刺槐[☆] *Robinia pseudoacacia*

豆科 Fabaceae
刺槐属 *Robinia*

形态特征　落叶乔木，树皮褐色。羽状复叶；小叶7～25，互生，椭圆形、矩圆形或卵形，长2～5.5 cm，宽1～2 cm，先端圆或微凹，有小尖，基部圆形，无毛或幼时疏生短毛。总状花序腋生，花序轴及花梗有柔毛；花萼杯状，浅裂，有柔毛；花冠白色，旗瓣有爪，基部有黄色斑点；子房无毛。荚果扁，长矩圆形，赤褐色。种子1～13，肾形，黑色。

分布与生境　河西走廊地区常见园林绿化树种，在敦煌石窟群周边均有人工种植。

资源价值　优良的建筑用材，园林绿化和水土保持树种。花可入药；味甘，性平；可止血。

红花刺槐☆ *Robinia pseudoacacia* **f. *decaisneana***

豆科 Fabaceae
刺槐属 *Robinia*

形态特征 落叶灌木或小乔木，高达2 m。茎、小枝、花梗均密被红色刺毛。托叶部变成刺状。羽状复叶；小叶7~13，广椭圆形至近圆形，长2~3.5 cm，叶端钝，有小尖头。花粉红色或紫红色，2~7花成稀疏的总状花序。荚果，具腺状刺毛。

分布与生境 河西走廊地区常用园林绿化树种，莫高窟和西千佛洞周边有人工树种。

资源价值 庭荫树、行道树、防护林及城乡绿化先锋树种，也是重要速生用材树种。花可入药，具止血之功效。

苦豆子 *Sophora alopecuroides*

形态特征　半灌木或多年生草本。羽状复叶；小叶倒卵形至倒卵状长圆形。总状花序，花萼钟状，外面被白色柔毛；花冠初鲜红色，后变紫红色，旗瓣瓣片近圆形，翼瓣较龙骨瓣短；花柱弯曲，柱头近球形。荚果串珠状。

分布与生境　河西走廊地区常见杂草，在敦煌石窟群周边均有分布。生于田边、荒地及干河床。

资源价值　全草入药；味苦，性寒，有毒；归心经、肺经；可清热利湿、止痛、杀虫。

苦马豆 *Sphaerophysa salsula*

形态特征　多年生草本。茎直立，具开展的分枝，全株被灰白色短伏毛。奇数羽状复叶；小叶13～19，倒卵状长圆形或椭圆形；托叶披针形。总状花序腋生；花冠红色，旗瓣开展，两侧向外反卷，瓣片近圆形，顶端微凹，基部具短爪，翼瓣比旗瓣稍短，与龙骨瓣近等。荚果卵圆形或长圆形，膨大成囊状，1室。种子小，多数，肾形，褐色。

分布与生境　河西走廊地区常见田间杂草，在敦煌石窟群周边均有分布。生于草原、荒地、沙滩、戈壁绿洲、沟渠旁及盐池周围。

资源价值　饲用植物。全草及果入药；味微苦，性平，有小毒；可利尿、消肿。

槐[☆] *Styphnolobium japonica*

豆科 Fabaceae
槐属 *Styphnolobium*

形态特征　乔木。羽状复叶，长15～25 cm；叶轴有毛，基部膨大；小叶9～15，卵状矩圆形，先端渐尖而具细突尖，基部阔楔形，下面灰白色，疏生短柔毛。圆锥花序顶生；萼钟状，具5小齿，疏被毛；花冠乳白色，旗瓣阔心形，具短爪，有紫色脉；雄蕊10，不等长。荚果肉质，串珠状，无毛，不裂。种子1～6，肾形。

分布与生境　河西走廊地区常见园林绿化树种，在敦煌石窟群周边均有人工种植。

资源价值　园林行道树。木材供建筑。花和荚果入药，有清肝泻火、凉血解毒、燥湿杀虫之功效。

龙爪槐☆ *Styphnolobium japonica f. pendula*

豆科 Fabaceae
槐属 *Styphnolobium*

形态特征 乔木。羽状复叶；小叶4～7对，对生或近互生，纸质，卵状披针形或卵状长圆形；小托叶2，钻状。圆锥花序顶生，常呈金字塔形；花梗比花萼短；小苞片2，形似小托叶；花萼浅钟状，萼齿5；花冠白色或淡黄色，旗瓣近圆形，有紫色脉纹；翼瓣卵状长圆形，基部斜戟形，无皱褶；龙骨瓣阔卵状长圆形，与翼瓣等长；雄蕊近分离，宿存。荚果串珠状。

分布与生境 河西走廊地区常见园林绿化树种，在莫高窟、西千佛洞和榆林窟均有人工种植。

资源价值 树冠优美，花芳香，是行道树和优良的蜜源植物。

绛车轴草 *Trifolium incarnatum*

形态特征　多年生草本。茎有疏毛。叶具3小叶；小叶椭圆状卵形至宽椭圆形，长2.5~4 cm，宽1~2 cm，先端钝圆，基部圆楔形，叶脉在边缘多少突出成不明显的细齿，下面有长毛；小叶无柄；托叶卵形，先端锐尖。花序腋生，头状，具大型总苞，总苞卵圆形，具纵脉；花萼筒状，萼齿条状披针形，最下面的1萼齿较长，有长毛；花冠紫色或淡紫红色。荚果包被于宿存的萼内，倒卵形，小，长约2 mm；果皮膜质，具纵脉；含1种子。

分布与生境　河西走廊地区常用园林绿化植物，莫高窟周边有人工种植。

资源价值　优良的饲料和牧草，也可做绿肥和草坪观赏植物。花序和带花枝叶入药；味苦，性平；入肺经；有止咳、平喘、镇痉等功用。

白车轴草[☆] *Trifolium repens*

形态特征 多年生草本。茎匍匐，无毛。叶具3小叶；小叶倒卵形至近倒心形，先端圆或凹陷，基部楔形，边缘具细锯齿，上面无毛，下面微有毛；几无小叶柄；托叶椭圆形，抱茎。花序头状，有长总花梗；萼筒状，萼齿三角形，较萼筒短，均有微毛；花冠白色或淡红色。荚果倒卵状矩形，包被于膨大的膜质的长约1 cm的萼内。种子2~4，褐色，近圆形。

分布与生境 河西走廊地区常用草坪绿化植物，莫高窟和榆林窟周边有人工种植。

资源价值 优良饲用牧草和园林绿化植物。全草可入药；味微甘，性平；可清热凉血、安神镇痛、祛痰止咳。

广布野豌豆 *Vicia cracca*

豆科 Fabaceae
野豌豆属 *Vicia*

形态特征　多年生蔓生草本，有微毛。羽状复叶，有卷须；小叶8～24，狭椭圆形或狭披针形，先端突尖，基部圆形，上面无毛，下面有短柔毛；叶轴有淡黄色柔毛；托叶披针形或戟形，有毛。总状花序腋生，有花7～15；萼斜钟形，萼齿5，上面2齿较长，有疏短柔毛；花冠紫色或蓝色；子房无毛，具长柄，花柱顶端四周被黄色腺毛。荚果矩圆形，褐色，膨胀，两端急尖，具柄。种子3～5，黑色。

分布与生境　河西走廊地区常见牧草，敦煌石窟群周边均有分布。生于田边、路旁、草地、沙地、山溪旁、湿地或荒地等处。

资源价值　水土保持绿肥作物，牛羊等牲畜喜食饲料，早春蜜源植物之一。全草药用，具活血平胃、利五脏、明耳目之效。

窄叶野豌豆 *Vicia pilosa*

形态特征　一年生草本。茎疏生长柔毛或近无毛。羽状复叶，有卷须；小叶8～12，近对生，狭矩圆形或条形，先端截形，有短尖，基部圆形，两面有黄色疏柔毛；托叶斜卵形，具3～5齿，有毛。花生于叶腋，单生或双生；萼筒状，长约9 mm，有5齿，齿狭三角形，有黄色疏柔毛；花冠红色；花柱顶端背部有髯毛。荚果条形，成熟时黑色。种子小，球形。

分布与生境　河西走廊地区常见田间杂草，在敦煌石窟群周边均有分布。生于河滩、山沟、谷地、田边草丛。

资源价值　优质牧草。干燥茎叶入药；味甘、苦，性温；可祛风湿、活血、舒筋、止痛。

长柔毛野豌豆 *Vicia villosa*

形态特征　一年生草本，植物各部有淡黄色长柔毛。羽状复叶，有卷须；小叶10～16，矩圆形或披针形，先端钝，有细尖，基部圆形，两面有淡黄色长柔毛；托叶戟形，有长柔毛。总状花序腋生，花多而密，单向排列，轴及花梗均密生淡黄色柔毛；萼斜圆筒状，萼齿5，条状披针形，下面3齿较长，密生淡黄色长柔毛；花冠紫色或淡红色，长约17 mm；子房无毛，具柄，花柱上部周围有短柔毛。荚果矩形，长约3 cm，宽约1 cm。

分布与生境　河西走廊地区栽培牧草，在敦煌石窟群周边均有人工种植。

资源价值　优良牧草和绿肥作物，亦可做水保植物。全草入药；味甘、辛，性温；可补肾调经、祛痰止咳。

豇豆 [☆] *Vigna unguiculata*

豆科 Fabaceae
豇豆属 *Vigna*

形态特征　一年生缠绕草质藤本或近直立草本，有时顶端呈缠绕状。茎近无毛。羽状复叶；托叶披针形，有线纹；小叶卵状菱形，先端急尖，无毛。总状花序腋生，具长梗；花聚生于花序的顶端，花梗间常有肉质蜜腺；花萼浅绿色，钟状，旗瓣扁圆形，翼瓣略呈三角形，龙骨瓣稍弯；子房线形，被毛。荚果下垂，直立或斜展，线形，稍肉质而膨胀或坚实，有种子多数。种子长椭圆形或圆柱形或稍肾形，黄白色、暗红色或其他颜色。

分布与生境　河西走廊地区主要栽培蔬菜，敦煌石窟群周边均有人工种植。

资源价值　果实和种子食用。以种子、叶、果皮、根入药；味甘、咸，性平；归脾经、胃经；具有理中益气、健胃补肾、和五脏、调颜、养身、生精髓、止消渴的功效。

紫藤[☆] *Wisteria sinensis*

形态特征　攀援灌木。羽状复叶；小叶7～13，卵形或卵状披针形，先端渐尖，基部圆形或宽楔形，幼时两面有白色疏柔毛；叶轴疏生毛；小叶柄密生短柔毛。总状花序侧生，下垂，长15～30 cm；花大；萼钟状，疏生柔毛；花冠紫色或深紫色，长达2 cm，旗瓣内面近基部有2个胼胝体状附属物。荚果扁，长条形，密生黄色绒毛。种子扁圆形。

分布与生境　河西走廊地区常见垂直绿化植物，莫高窟周边有人工种植。

资源价值　垂直绿化和构架绿化植物。以茎皮、花及种子入药；味甘、苦，性温，有小毒；可止痛、杀虫。

山桃☆ *Amygdalus davidiana*

蔷薇科 Rosaceae
桃属 *Amygdalus*

形态特征　乔木。叶卵状披针形，先端渐尖，基部楔形，两面无毛，边缘具细锐锯齿。花单生，先于叶开放；花梗极短或几无梗；花萼无毛；萼筒钟形；萼片卵形至卵状长圆形，紫色，先端圆钝；花瓣倒卵形或近圆形，粉红色，先端圆钝，稀微凹；雄蕊多数，几与花瓣等长或稍短；子房被柔毛，花柱长于雄蕊或近等长。果实近球形，淡黄色，外面密被短柔毛。

分布与生境　河西走廊地区常见园林观赏树种，仅在莫高窟周边有人工种植。

资源价值　园林观赏植物。桃仁、根、茎、皮、叶、花、桃树胶均可药用。桃仁味苦、甘，性平；具有活血行润燥滑肠的功能。根和茎皮味苦，性平；具有清热利湿、活血止痛、截虐杀虫的功能。桃花味苦、性平；具有泻下通便、利水消肿的功能。桃胶味苦，性平；可活血、益气、止渴。

桃[☆] *Amygdalus persica*

蔷薇科 Rosaceae
桃属 *Amygdalus*

形态特征　乔木。叶长圆披针形、椭圆披针形或倒卵状披针形。花单生,先于叶开放;萼片卵形至长圆形,顶端圆钝,外被短柔毛;花瓣长圆状椭圆形至宽倒卵形,粉红色,罕为白色;雄蕊20~30,花药绯红色;花柱几与雄蕊等长或稍短。果实卵形、宽椭圆形或扁圆形,外面密被短柔毛,稀无毛,腹缝明显。

分布与生境　河西走廊地区主要栽培果树,在敦煌石窟群周边均有人工种植。

资源价值　果实供食用,亦可入药;味甘、酸,性温;归肺经、大肠经;可生津、润肠、活血、消积。

碧桃☆ *Amygdalus persica f. duplex*

蔷薇科 Rosaceae
桃属 *Amygdalus*

形态特征　乔木。叶长圆披针形、椭圆披针形或倒卵状披针形，先端渐尖，边缘具细锯齿或粗锯齿。花单生，先于叶开放；花梗极短或几无梗；萼筒钟形，萼片卵形至长圆形，顶端圆钝，外被短柔毛；花瓣长圆状椭圆形至宽倒卵形，粉红色，罕为白色；雄蕊20～30，花药绯红色；花柱几与雄蕊等长或稍短；子房被短柔毛。果实形状和大小均有变异，卵形、宽椭圆形或扁圆形，色泽变化由淡绿白色至橙黄色，常在向阳面具红晕，外面密被短柔毛，稀无毛，腹缝明显，果梗短而深入果洼。

分布与生境　河西走廊地区常用绿化树种，在敦煌石窟群周边均有人工种植。

资源价值　栽培观赏植物。果实入药；味酸、苦，性平；归肺经、肝经；可敛汗涩精、活血止血、止痛。

榆叶梅[☆] *Amygdalus triloba*

蔷薇科 Rosaceae
桃属 *Amygdalus*

形态特征　灌木。短枝上的叶常簇生，一年生枝上的叶互生。叶宽椭圆形至倒卵形，常3裂，边缘具粗锯齿或重锯齿。花1～2，先于叶开放；萼筒宽钟形，萼片卵形或卵状披针形；花瓣近圆形或宽倒卵形，粉红色；雄蕊25～30，短于花瓣；花柱稍长于雄蕊。果实近球形，顶端具短小尖头，红色，外被短柔毛。

分布与生境　河西走廊地区常用绿化树种，在莫高窟、西千佛洞和榆林窟周边均有人工种植。

资源价值　优良园林观赏花卉。种仁入药（郁李仁）；味辛、苦、甘，性平；有泻下、抗炎、镇痛的作用。

杏[☆] *Armeniaca vulgaris*

蔷薇科 Rosaceae
杏属 *Armeniaca*

形态特征　乔木。叶片宽卵形或圆卵形，边缘有圆钝锯齿。花单生，先于叶开放；花瓣圆形至倒卵形，白色或带红色，具短爪；雄蕊20～45，稍短于花瓣；子房被短柔毛，花柱稍长或几与雄蕊等长，下部具柔毛。果实球形，稀倒卵形，白色、黄色至黄红色，常具红晕；核卵形或椭圆形，两侧扁平，顶端圆钝；种仁味苦或甜。

分布与生境　河西走廊地区主要栽培果树，在敦煌石窟群周边均有人工种植。

资源价值　鲜食水果和园林观赏树种。杏仁入药；味酸、甘，性温；归肺经、心经；可润肺定喘、生津止渴。

贴梗海棠☆ *Chaenomeles japonica*

蔷薇科 Rosaceae
木瓜属 *Chaenomeles*

形态特征　落叶灌木。叶卵形至椭圆形,具尖锐锯齿,齿尖开展,两面无毛或幼时下面沿脉有柔毛。花先叶开放,3~5簇生于二年生老枝;萼筒钟状,外面无毛,萼片直立,半圆形,稀卵形,全缘或有波状齿和黄褐色睫毛;花瓣猩红色,稀淡红或白色,倒卵形或近圆形,基部下延成短爪;雄蕊45~50;花柱5,基部合生,无毛或稍有毛。果球形或卵球形,黄色或带红色。

分布与生境　河西走廊地区常用绿化树种,在莫高窟和西千佛洞周边有人工种植。

资源价值　栽培观赏花卉。果实入药。

西府海棠[☆] *Malus micromalus*

形态特征　小乔木。小枝、叶及花梗幼时皆有短柔毛，后脱落。叶长椭圆形或椭圆形。伞形总状花序有4~7花，生于小枝顶端；萼筒外面密生白色柔毛，萼裂片披针形，内外均密生柔毛；花粉红色；雄蕊约20；花柱50。果近球形，幼时疏生白色短柔毛，以后脱落无毛，红色。

分布与生境　河西走廊地区主要园林观赏树种，在莫高窟周边有人工种植。

资源价值　优质砧木和园林观赏花卉。果实入药；味酸、甘，性平；归大肠经；可涩肠止痢。

苹果☆ *Malus pumila*

形态特征　乔木。叶椭圆形、卵形至宽椭圆形，边缘具圆钝锯齿；叶柄粗壮；托叶草质，披针形。伞房花序，具3~7花，集生于小枝顶端；苞片膜质，线状披针形，先端渐尖，全缘，被绒毛；萼筒外面密被绒毛；萼片三角披针形或三角卵形，全缘；花瓣倒卵形，白色，含苞未放时带粉红色；雄蕊20，花柱5。果扁球形，先端常有隆起，萼洼下陷，萼片永存；果梗短粗。

分布与生境　河西走廊地区主要栽培果树，在敦煌石窟群周边均有人工种植。

资源价值　果可食用，亦可入药；味甘、酸，性凉；可益胃、生津、除烦、醒酒。

蕨麻 *Potentilla anserina*

蔷薇科 Rosaceae
委陵菜属 *Potentilla*

形态特征　多年生草本。根向下延长，有时在根的下部长成纺锤形或椭圆形块根。茎匍匐，在节处生根。基生叶为间断羽状复叶；小叶对生或互生，通常椭圆形、倒卵椭圆形或长椭圆形，顶端圆钝，基部楔形或阔楔形，边缘有多数尖锐锯齿或呈裂片状，上面绿色，被疏柔毛或脱落几无毛，下面密被紧贴银白色绢毛；基生叶和下部茎生叶托叶膜质，褐色；上部茎生叶托叶草质，多分裂。单花腋生，被疏柔毛；萼片三角卵形，顶端急尖或渐尖；花瓣黄色，倒卵形、顶端圆形，比萼片长1倍；花柱侧生，小枝状，柱头稍扩大。

分布与生境　仅在五个庙石窟和榆林窟周边有分布。生于河流、湖泊周边湿地及沼泽地。

资源价值　全草入药；味甘、苦，性凉；可凉血止血、解毒利湿。

黄花委陵菜 *Potentilla chrysantha*

形态特征　多年生草本。根粗壮，圆柱形。花茎直立或上升，被开展至伏生疏柔毛。基生叶为羽状5出复叶，叶柄被开展或伏生疏柔毛；小叶无柄或几无柄，小叶片倒卵长圆形，两面绿色，被紧贴或微开展疏柔毛；茎生叶下部5出，上部3出，小叶与基生叶相似。花序为伞房状聚伞花序，多花，松散，花梗密被短柔毛；萼片长三角卵形，顶端急尖或渐尖；花瓣黄色，倒卵形，顶端微凹。瘦果光滑或有不明显脉纹。

分布与生境　仅在莫高窟周边有分布。生于田边、荒地及林间。

资源价值　全草入药；味甘、微辛，性凉；止血，止痢。

紫叶李[☆] *Prunus cerasifera* f. *atropurpurea*

蔷薇科 Rosaceae
李属 *Prunus*

形态特征　灌木或小乔木。小枝暗红色，无毛。叶片椭圆形、卵形或倒卵形，边缘有圆钝锯齿，有时混有重锯齿，叶面深绿色。花1，稀2；萼筒钟状，萼片长卵形，先端圆钝，边有疏浅锯齿；雄蕊25～30，花丝长短不等；雌蕊1，心皮被长柔毛，柱头盘状，花柱比雄蕊稍长，基部被稀长柔毛。核果近球形或椭圆形，黄色、红色或黑色，微被蜡粉，具有浅侧沟，黏核。

分布与生境　河西走廊地区常见园林绿化树种，在敦煌石窟群周边均有人工种植。

资源价值　优质园林绿化和城市行道树种。

紫叶矮樱[☆] *Prunus × cistena*

形态特征　落叶灌木或小乔木。枝条幼时紫褐色，通常无毛，当年生枝木质部红色。叶长卵形或卵状长椭圆形，先端渐尖，叶基部广楔形，叶缘有不整齐的细钝齿，叶面红色或紫色，叶背色彩更红，新叶顶端鲜紫红色。花单生，中等偏小，淡粉红色；花瓣5，微香；雄蕊多数；单雌蕊。

分布与生境　河西走廊地区常见园林绿化树种，在莫高窟周边均有人工种植。

资源价值　优质园林绿化树种。

杜梨 ☆ *Pyrus betulaefolia*

形态特征　乔木。枝常有刺；小枝紫褐色，幼枝、幼叶两面、叶柄、总花梗、花梗和萼筒外面皆生灰白色绒毛。叶片菱状卵形或长卵形，基部宽楔形，稀近圆形，边缘有尖锐锯齿，老叶仅下面微有绒毛或近无毛。伞形总状花序，有10~15花；花白色；萼裂片三角状卵形；花瓣卵形；花柱2~3，离生。果近球形，2~3室，褐色，有淡色斑点，萼裂片脱落。

分布与生境　河西走廊地区常见栽培果树，在敦煌石窟群周边均有人工种植。

资源价值　优质砧木和防护林树种。以枝、叶和果实入药；味酸、甘、涩，性寒；可消食止痢。

白梨 *Pyrus bretschneideri*

形态特征　乔木。小枝粗壮，幼时有柔毛。叶片卵形或椭圆状卵形，先端渐尖或急尖，基部宽楔形，边缘有带刺芒尖锐锯齿，微向内合拢，幼时两面有绒毛，老时无毛。伞形总状花序，有7~10花，总花梗和花梗幼时有绒毛；花白色；花柱4~5，离生。果卵形或近球形，黄色，有细密斑点，萼裂片脱落。

分布与生境　河西走廊地区主要栽植果树，在敦煌石窟群周边均有人工种植。

资源价值　果可食用，亦可入药；味甘、微酸，性凉；归肺经、胃经、心经、肝经；可清肺化痰、生津止渴。

腺齿蔷薇[☆] *Rosa albertii*

蔷薇科 Rosaceae
蔷薇属 *Rosa*

形态特征   灌木。小枝圆柱形，稍弯曲，浅黄色镰刀状皮刺。小叶5～9，广椭圆形或椭圆状倒卵形。花数朵或多朵排列成伞房状或圆锥状花序；苞片1～3，卵形，先端渐尖，边缘有带腺锯齿；花直径2～3 cm，萼筒近球形，光滑无毛；萼片披针形；花瓣白色，宽倒卵形，先端微凹，基部宽楔形；花柱离生，被长柔毛，比雄蕊短很多。果近球形，橙红色，无毛，熟时萼片脱落。

分布与生境   河西走廊地区常见栽培花卉，在莫高窟周边有人工种植。

资源价值   园林观赏花卉。根可入药；味苦、涩，性凉，无毒；归脾经、胃经、肾经；可清热解毒、祛风除湿、活血调经、固精缩尿、消骨鲠。

月季花 [☆] *Rosa chinensis*

蔷薇科 Rosaceae
蔷薇属 *Rosa*

形态特征 灌木。小枝粗壮,圆柱形,近无毛,有短粗的钩状皮刺。小叶3~5,宽卵形至卵状长圆形,边缘有锐锯齿,两面近无毛,上面暗绿色,下面颜色较浅。花几朵集生,稀单生;萼片卵形,先端尾状渐尖,有时呈叶状,边缘常有羽状裂片,稀全缘;花瓣重瓣至半重瓣,红色、粉红色至白色,倒卵形,先端有凹缺,基部楔形;花柱离生,伸出萼筒口外,约与雄蕊等长。果卵球形或梨形,红色,萼片脱落。

分布与生境 河西走廊地区常见观赏花卉,在莫高窟、西千佛洞和榆林窟周边均有人工种植。

资源价值 常用园林观赏花卉,花可提取香料。根、叶、花均可入药;味甘,性温;入肝经;具有活血消肿、消炎解毒功效。

野蔷薇☆ *Rosa multiflora*

蔷薇科 Rosaceae
蔷薇属 *Rosa*

形态特征 落叶灌木。枝细长，上升或蔓生，有皮刺。羽状复叶；小叶5～9，倒卵状圆形至矩圆形；托叶大部附着于叶柄上，先端裂片呈披针形，边缘篦齿状分裂并有腺毛。伞房花序圆锥状，花多数；花梗有腺毛和柔毛；花白色，芳香；花柱伸出花托口外，结合成柱状，几与雄蕊等长，无毛。果球形至卵形，褐红色。

分布与生境 河西走廊地区常见园林绿化树种，在莫高窟周边有人工种植。

资源价值 优质园林绿化树种。以枝、叶和果实入药；味酸、甘、涩，性寒；可消食止痢。

玫瑰[☆] *Rosa rugosa*

蔷薇科 Rosaceae
蔷薇属 *Rosa*

形态特征　灌木。小枝密被绒毛，具淡黄色的皮刺。小叶5～9，椭圆形或椭圆状倒卵形，边缘有尖锐锯齿。花单生于叶腋，或数朵簇生，苞片卵形，边缘有腺毛，外被绒毛；萼片卵状披针形，先端尾状渐尖，常有羽状裂片而扩展成叶状；花瓣倒卵形，重瓣至半重瓣，芳香，紫红色至白色；花柱离生，被毛，稍伸出萼筒口外，比雄蕊短。果扁球形，砖红色，肉质，平滑，萼片宿存。

分布与生境　河西走廊地区常见栽培花卉，在敦煌石窟群周边均有人工种植。

资源价值　花做香料和提取芳香油。花及根入药；味甘、微苦，性温；归肝经、脾经；有理气活血、收敛作用。

黄刺玫[☆] *Rosa xanthina*

形态特征　灌木。小枝褐色，幼时微生柔毛，有硬皮刺。单数羽状复叶；小叶7～13，宽卵形或近圆形，少数椭圆形，先端钝，基部近圆形，边缘有钝锯齿，下面幼时微生柔毛；叶柄和叶轴有疏柔毛及疏生小皮刺；托叶大部分附着于叶柄上。花单生，黄色，无苞片；萼裂片披针形，全缘，宿存；花瓣重瓣或单瓣，倒卵形。蔷薇果近球形，红褐色。

分布与生境　河西走廊地区常见园林绿化树种，在敦煌石窟群周边有人工种植。

资源价值　优良园林绿化树种。花可提取芳香油。花、果及根可入药；味甘、微苦，性温；可止血、和血、解郁调经。

珍珠梅[☆] *Sorbaria sorbifolia*

蔷薇科 Rosaceae
珍珠梅属 *Sorbaria*

形态特征　灌木。羽状复叶，具11～17小叶，叶轴微被短柔毛；小叶披针形或卵状披针形；托叶卵状披针形或三角披针形。顶生密集圆锥花序，分枝近直立，花序梗和花梗被星状毛或短柔毛，果期近无毛；苞片卵状披针形或线状披针形，全缘或有浅齿，上下两面微被柔毛，果期渐脱落；萼筒钟状，外面基部微被短柔毛；萼片三角卵形；花瓣长圆形或倒卵形，白色；雄蕊40～50；心皮5，无毛或稍具柔毛。蓇葖果长圆形，果柄直立；萼片宿存，反折，稀开展。

分布与生境　河西走廊地区常见园林绿化树种，在莫高窟和西千佛洞有人工种植。

资源价值　优质园林绿化树种。茎皮、枝条和果穗入药；味苦，性寒；归肝经、肾经；可活血祛瘀、消肿止痛。

粉花绣线菊 *Spiraea japonica*

形态特征 直立灌木。小枝无毛或幼时被短柔毛。叶卵形或卵状椭圆形。复伞房花序生于当年生直立新枝顶端，密被短柔毛；苞片披针形或线状披针形，下面微被柔毛；花萼有疏柔毛，萼片三角形；花瓣卵形或圆形，粉红色；雄蕊25～30，远长于花瓣；花盘环形，约有10不整齐裂片。蓇葖果半开张，无毛或沿腹缝有疏柔毛。

分布与生境 河西走廊地区常见园林观赏花卉，在莫高窟和西千佛洞周边有人工种植。

资源价值 优良园林观赏花卉。根可入药；味苦、辛，性凉，无毒；归肺经、肝经；可祛风清热、明目退翳。

沙枣 ☆ *Elaeagnus angustifolia*

胡颓子科 Elaeagnaceae
胡颓子属 *Elaeagnus*

形态特征　落叶乔木或小乔木。幼枝密被银白色鳞片，老枝鳞片脱落。叶矩圆状披针形至线状披针形，下面灰白色，密被白色鳞片，有光泽。花银白色，密被银白色鳞片，芳香；雄蕊几无花丝。果实椭圆形，粉红色，密被银白色鳞片。

分布与生境　河西走廊地区农田防护林主要树种，敦煌石窟群周边均有分布。生于山地、河滩及田边。

资源价值　优良的蜜源植物。果肉供食用。以果实、树皮入药；树皮味酸、微苦，性凉，可清热凉血、收敛止痛；果实味酸、微涩，性凉，可健脾止泻。

中国沙棘 *Hippophae rhamnoides* subsp. *sinensis*

胡颓子科 Elaeagnaceae
沙棘属 *Hippophae*

形态特征　落叶灌木或乔木。棘刺较多，粗壮，顶生或侧生；嫩枝褐绿色，密被银白色而带褐色鳞片或有时具白色星状柔毛，老枝灰黑色，粗糙；芽大，金黄色或锈色。单叶通常近对生，与枝条着生相似，纸质，狭披针形或矩圆状披针形，两端钝形或基部近圆形，基部最宽，上面绿色，初被白色盾形毛或星状柔毛，下面银白色或淡白色，被鳞片，无星状毛；叶柄极短。果实圆球形，橙黄色或橘红色。种子小，阔椭圆形至卵形，黑色或紫黑色，具光泽。

分布与生境　人工引种植物，在莫高窟和五个庙石窟周边有人工种植。

资源价值　防风固沙、保持水土、改良土壤的优良树种。干燥成熟的果实入药；味酸、涩，性温；可止咳祛痰、消食化滞、活血散瘀。

枣 ☆ *Ziziphus jujuba*

形态特征　落叶小乔木，稀灌木，树皮褐色或灰褐色。叶柄长1~6 mm，或在长枝上的可达1 cm，无毛或有疏微毛；托叶刺纤细，后期常脱落。花黄绿色，两性，无毛，具短总花梗，单生或密集成腋生聚伞花序。果实矩圆形或长卵圆形，成熟时红色，后变红紫色，中果皮肉质，厚，味甜。种子扁椭圆形。

分布与生境　河西走廊地区主要栽培果树，敦煌石窟群周边均有人工种植。

资源价值　果实供食用，亦可药用；味甘，性温；具有补脾胃、益气血、安心神、调营卫、和药性的功效。

圆冠榆[☆] *Ulmus densa*

形态特征　落叶乔木。枝条直伸至斜展，树冠密，近圆形。幼枝多少被毛，当年生枝无毛，淡褐黄色或红褐色，二年或三年生枝常被蜡粉。冬芽卵圆形，芽鳞背面多少被毛，尤以内部芽鳞显著。叶卵形，先端渐尖，基部多少偏斜。花在去年生枝上排成簇状聚伞花花序。翅果长圆状倒卵形、长圆形或长圆状椭圆形，除顶端缺口柱头面被毛外，余处无毛；果核部分位于翅果中上部，上端接近缺口；宿存花被无毛，4浅裂；果梗较花被为短，无毛。

分布与生境　河西走廊地区常用园林绿化树种，在敦煌石窟群周边均有人工种植。

榆树 *Ulmus pumila*

榆科 Ulmaceae
榆属 *Ulmus*

形态特征　落叶乔木。幼树树皮平滑，灰褐色或浅灰色；大树树皮暗灰色，不规则深纵裂，粗糙。小枝无毛或有毛，无膨大的木栓层及凸起的木栓翅。冬芽近球形或卵圆形。叶椭圆状卵形，叶面平滑无毛，叶背幼时有短柔毛，后变无毛或部分脉腋有簇生毛；叶柄面有短柔毛。花先叶开放，在去年生枝的叶腋成簇生状。翅果近圆形，稀倒卵状圆形。花果期3~6月。

分布与生境　河西走廊地区常见树种，常用于园林绿化及田间防护，在敦煌石窟群周边均有分布。

资源价值　果实可食用。木材可做家具、农具。以果实（榆钱）、皮和叶入药；榆钱味微辛，性平，具安神健脾之作用；皮、叶味甘，性平，可安神、利小便。

垂枝榆[☆] *Ulmus pumila* cv. 'Tenue'

榆科 Ulmaceae
榆属 *Ulmus*

形态特征　落叶乔木。树干上部的主干不明显，分枝较多，树冠伞形。树皮灰白色，较光滑；幼树树皮平滑。冬芽近球形或卵圆形，芽鳞背面无毛。叶椭圆状卵形、长卵形、椭圆状披针形或卵状披针形，叶面平滑无毛，叶背幼时有短柔毛。花先叶开放。翅果近圆形，稀倒卵状圆形。果核部分位于翅果的中部，裂片边缘有毛；果梗较花被为短。

分布与生境　河西走廊地区常见园林绿化树种，在敦煌石窟群周边有人工种植。

资源价值　抗寒性强，具有较强的环境适应性，在城市绿化中具有重要作用。

大麻[☆] *Cannabis sativa*

形态特征　一年生草本。茎直立，高1～3 m，有纵沟，密生短柔毛，皮层富纤维。叶互生或下部的对生，掌状全裂，裂片3～11，披针形至条状披针形，上面有糙毛，下面密被灰白色毡毛，边缘具粗锯齿；叶柄被短绵毛。花单性，雌雄异株；雄花排列成长而疏散的圆锥花序，黄绿色，花被片和雄蕊各5；雌花丛生叶腋，绿色，每花外具一卵形苞片，花被片退化，膜质，紧包子房。瘦果扁卵形，为宿存的黄褐色苞片所包裹。

分布与生境　河西走廊地区常见栽培作物，在莫高窟、西千佛洞和榆林窟周边有人工种植。

资源价值　果实和叶入药；果实味甘，性平，润肠，主治大便燥结；叶含麻醉性树脂，可以配制麻醉剂。

桑 ☆ *Morus alba*

形态特征　乔木或灌木。小枝有细毛。叶卵形或广卵形，边缘锯齿粗钝；托叶披针形，早落。花单性，腋生或生于芽鳞腋内，与叶同时生出。雄花序下垂，密被白色柔毛；雄花花被片宽椭圆形，淡绿色；花丝在芽时内折，花药2室，球形至肾形，纵裂。雌花序被毛，无梗；花被片倒卵形，无花柱，柱头2裂，内面有乳头状突起。聚花果卵状椭圆形，成熟时红色或暗紫色。

分布与生境　河西走廊地区常见乔木，在敦煌石窟群周边有人工种植。

资源价值　树皮纤维柔细，可作为纺织原料和造纸原料。叶为养蚕的主要饲料。叶和果实入药；桑叶味甘、苦，性寒，归肺、肝经，可疏散风热、清肺润燥、清肝明目；果实（桑葚）味甘、酸，性寒，归心经、肝经、肾经，可补血滋阴、生津润燥。

胡桃[☆] *Juglans regia*

胡桃科 Juglandaceae
胡桃属 *Juglans*

形态特征　高大乔木。髓部片状。奇数羽状复叶；具小叶5～11，椭圆状卵形至长椭圆形，上面无毛，下面仅侧脉腋内有1簇短柔毛；小叶柄极短或无。花单性，雌雄同株。雄葇荑花序下垂，雄蕊6～30。雌花序簇状，直立，通常有雌花1～3。果序短，俯垂，有果实1～3；果实球形；外果皮肉质，不规则开裂，内果皮骨质，表面凹凸或皱褶，有2纵棱，先端有短尖头；隔膜较薄，内里无空隙；内果皮壁内有不规则空隙或无空隙而仅有皱褶。

分布与生境　河西走廊地区常见果树，在莫高窟、西千佛洞、榆林窟周边均有人工种植。

资源价值　果实可食用。叶可入药；味苦、涩，性平；可收敛止带、杀虫消肿。木材可做家具、农具。

西瓜 ☆ *Citrullus lanatus*

葫芦科 Cucurbitaceae
西瓜属 *Citrullus*

形态特征　一年生蔓生草本。茎被长柔毛。卷须二歧；叶柄有长柔毛；叶带白绿色，3深裂，裂片又羽状或二回羽状浅裂或深裂，两面有短柔毛。花雌雄同株，均单生；花托宽钟状，花萼裂片狭披针形；花冠淡黄色，辐状，裂片卵状矩圆形；雄蕊3，近分生，药室"S"形折曲；子房卵状，密被长柔毛，柱头3，肾形。果实大型，球状或椭圆状，果皮表面光滑，颜色因品种而异。种子卵形，两面平滑，色泽因品种而异。

分布与生境　河西走廊地区主要栽培水果，在莫高窟、西千佛洞和榆林窟周边均有人工种植。

资源价值　果实可食用，亦可药用；味甘，性凉；可清热解暑、解烦止渴、利尿。

黄瓜[☆] *Cucumis sativus*

形态特征　一年生蔓生或攀援草本，茎被白色的糙硬毛。卷须细，不分歧，具白色柔毛；叶片宽卵状心形，膜质，两面甚粗糙，被糙硬毛，3 ~ 5个角或浅裂。雄花常数朵在叶腋簇生，花冠黄白色，雄蕊3，花丝近无，花药长3 ~ 4 mm；雌花单生，花梗粗壮，被柔毛，子房纺锤形，粗糙，有小刺状突起。果实长圆形或圆柱形，表面粗糙，有具刺尖的瘤状突起。种子小，狭卵形，白色。

分布与生境　河西走廊地区栽培蔬菜，在莫高窟和西千佛洞周边有人工种植。

资源价值　果实为主要鲜食蔬菜，亦可入药；味甘，性凉；具有除热、利水利尿、清热解毒的功效。

西葫芦 *Cucurbita pepo*

形态特征　一年生蔓生草本。叶片三角形或卵状三角形。雌雄同株；雄花单生，花萼筒有明显5角，花萼裂片线状披针形，花冠黄色，常向基部渐狭成钟状，分裂至近中部，裂片直立或稍扩展，顶端锐尖，雄蕊3，花药靠合；雌花单生，子房卵形，1室。果梗粗壮，有明显的棱沟，果蒂变粗或稍扩大，但不成喇叭状；果实形状因品种而异。种子多数，卵形，白色。

分布与生境　河西走廊地区主要蔬菜，在敦煌石窟群周边均有人工种植。

资源价值　中国主要栽培蔬菜。果实可食用，亦可入药；具有除烦止渴、润肺止咳、清热利尿、消肿散结的功效。

苦瓜 *Momordica charantia*

形态特征　一年生攀援草本，茎被柔毛。卷须不分叉；叶柄被柔毛或近无毛；叶片轮廓肾形或近圆形，5～7深裂，裂片具齿或再分裂，两面微被毛，尤其脉上毛较密。雌雄同株，花单生；花梗中部或下部生一苞片；苞片肾形或圆形，全缘；花萼裂片卵状披针形；花冠黄色，裂片倒卵形；雄蕊3，离生，药室"S"形折曲；子房纺锤形，密生瘤状突起，柱头3，膨大，2裂。果实纺锤状，有瘤状突起，成熟后由顶端3瓣裂。种子矩圆形，两端各具3小齿，两面有雕纹。

分布与生境　河西走廊地区栽培蔬菜，在莫高窟和西千佛洞周边有人工种植。

资源价值　果实供食用。果实和种子入药；味苦，性寒，无毒；可除邪热、解劳乏、清心明目。

白杜 *Euonymus maackii*

形态特征　落叶小乔木，小枝圆柱形。叶对生，卵状椭圆形、卵圆形或窄椭圆形，先端长渐尖，基部宽楔形或近圆，边缘具细锯齿，有时深而锐利，侧脉6～7对。聚伞花序有3至多花；花序梗微扁；花4数，淡白绿或黄绿色，直径约8 mm；花萼裂片半圆形；花瓣长圆状倒卵形；雄蕊生于4圆裂花盘上，花药紫红色；子房四角形，4室，每室2胚珠。蒴果倒圆心形，4浅裂，熟时粉红色。种子棕黄色，长椭圆形；假种皮橙红色，全包种子。

分布与生境　河西走廊地区常见园林绿化植物，莫高窟周边有人工种植。

资源价值　优良的园林绿化植物和重要的燃料林树种。以根、茎皮、枝叶入药；味苦、涩，性寒，有小毒；具止痛、解毒之功效。

酢浆草 *Oxalis corniculata*

形态特征　多年生草本，全株被柔毛。茎细弱，多分枝，直立或匍匐，匍匐茎节上生根。叶基生或茎上互生；托叶小，长圆形或卵形；叶柄基部具关节；小叶3，无柄，倒心形。花单生或数花集为伞形花序状，腋生，总花梗淡红色，与叶近等长；小苞片2，披针形，膜质；萼片5，披针形或长圆状披针形，背面和边缘被柔毛，宿存；花瓣5，黄色，长圆状倒卵形；雄蕊10；子房长圆形，5室，被短伏毛，花柱5，柱头头状。蒴果长圆柱形。

分布与生境　河西走廊地区常见杂草，莫高窟周边有分布。生于山坡草池、河谷沿岸、路边、田边、荒地或林下阴湿处等。

资源价值　全草入药；味酸，性寒；可清热利湿、凉血散瘀、消肿解毒。

红花酢浆草 [☆] *Oxalis corymbosa*

酢浆草科 Oxalidaceae
酢浆草属 *Oxalis*

形态特征　多年生直立草本。无地上茎，地下部分有球状鳞茎。叶基生；小叶3，扁圆状倒心形。总花梗基生，二歧聚伞花序，通常排列成伞形花序式，总花梗被毛；花梗、苞片、萼片均被毛；花梗有披针形干膜质苞片2；萼片5，披针形；花瓣5，倒心形，淡紫色至紫红色，基部颜色较深；雄蕊10；子房5室，花柱5，被锈色长柔毛，柱头浅2裂。

分布与生境　河西走廊地区常见园林观赏花卉，莫高窟周边有人工种植。

资源价值　全草入药；味酸，性寒；可清热解毒、散瘀消肿、调经。

早开堇菜 *Viola prionantha*

形态特征　多年生草本。根粗壮，带灰白色。地下茎短，粗或较粗；通常无地上茎。叶基生，叶片披针形或卵状披针形，顶端钝圆，基部截形或有时近心形，稍下延，边缘有细圆齿；托叶边缘白色。花大，两侧对称；萼片5，披针形或卵状披针形，基部附器稍长；花瓣5，淡紫色，距长5~7 mm；子房无毛。

分布与生境　河西走廊地区园林观赏花卉，莫高窟周边有人工种植。

资源价值　观赏花卉。全草供药用，可清热解毒、除脓消炎。

银白杨 [☆] *Populus alba*

形态特征　乔木。幼枝密生白色绒毛。冬芽圆锥形，有白色绒毛，或仅边缘有细柔毛。长枝的叶宽卵形或三角卵形，先端急尖，基部圆形或近心形，3~5掌状圆裂或不裂，有钝齿；幼时两面密生白色绒毛，成熟后上面的毛脱落，下面的绒毛不落；叶柄有白色绒毛。短枝的叶较小，卵形或椭圆状卵形。雄花序长3~7 cm；苞片有长睫毛，雄蕊6~10。雌花序长2~4 cm；柱头2，2裂，红色。蒴果无毛。

分布与生境　河西走廊地区常见园林绿化树种，在敦煌石窟群周边有大面积人工种植。

资源价值　优良的园林绿化和防护林树种。木材可供建筑、器具、造纸等用。叶可入药；味苦，性寒；归肺经；可止咳平喘、化痰清热。

新疆杨 *Populus alba* var. *pyramidalis*

形态特征　高大乔木。树冠窄圆柱形或尖塔形。树皮为灰白或青灰色，光滑少裂。萌条枝叶掌状深裂，基部平截。短枝叶圆形，有粗缺齿，侧齿几对称，基部平截，下面绿色几无毛；叶柄侧扁或近圆柱形，被白绒毛。雄花序轴有毛；苞片条状分裂，边缘有长毛；柱头2~4裂；雄蕊5~20，花盘有短梗，宽椭圆形，歪斜；花药不具细尖。雌花序轴有毛；雌蕊具短柄，花柱短，柱头2，有淡黄色长裂片。蒴果细圆锥形，2瓣裂，无毛。

分布与生境　河西走廊地区常用绿化树种，在敦煌石窟群周边有大面积人工种植。

资源价值　优良的农田防护林、速生丰产林、防风固沙林和绿化树种。木材供建筑、家具用。

青杨 *Populus cathayana*

杨柳科 Salicaceae
杨属 *Populus*

形态特征　乔木。树皮灰绿色，初光滑，老时暗灰色，纵裂。冬芽长圆锥形，无毛，多黏液。长枝或萌发枝的叶较大；短枝的叶卵形、椭圆状卵形、椭圆形或窄卵形，最宽处在中部以下，先端渐尖或突渐尖，基部圆形或宽楔形，边缘有具腺的钝齿，下面苍白色，无毛或微有毛；叶柄微有毛。雄花序长5~6 cm，苞片边缘条裂；雄蕊30~35。雌花序苞片边缘条裂。蒴果无毛，3~4瓣裂开。

分布与生境　河西走廊地区常用田间防护林树种，在敦煌石窟群周边有人工种植。

资源价值　优质的园林绿化及防护林树种。木材可做家具、箱板及建筑用材。嫩枝入药；味苦、辛，无毒；有金疮乳痈、诸肿痘疮之效。

胡杨 *Populus euphratica*

形态特征　乔木。叶形多变化，卵圆形、卵圆状披针形、三角状卵圆形或肾形，先端有2~4对粗齿，两面同色。雄花序细圆柱形，轴有短绒毛；苞片略菱形，上部有疏齿；雄蕊15~25，花药紫红色，花盘膜质，边缘有不规则齿。雌花序轴有短绒毛或无毛；子房具梗，柱头宽阔，紫红色，长卵形，被短绒毛或无毛，子房柄与子房约等长，柱头3，2浅裂，鲜红或淡黄绿色。蒴果长卵圆形，2~3瓣裂，无毛。

分布与生境　河西走廊地区常见荒漠树种，在敦煌石窟群周边有分布。生于河谷和河流边。

资源价值　优良的防风固沙和园林绿化树种。树脂、叶、根、花等入药；树脂味苦，性寒，可清热解毒、制酸止痛；花序可止血。

二白杨☆ *Populus × gansuensis*

杨柳科 Salicaceae
杨属 *Populus*

形态特征 乔木。树干通直，树冠长卵形或狭椭圆形。树皮灰绿色，光滑。萌枝或长枝叶三角形或三角状卵形，较大，长宽近等，先端短渐尖，基部截形或近圆形，边缘近基部具钝锯齿。短枝叶宽卵形或菱状卵形，中部以下最宽，先端渐尖，基部圆形或阔楔形，边缘具细腺锯齿，近基部全缘，上面绿色，下面苍白色；叶柄圆柱形，上部侧扁。雄花序细长；雄蕊8～13，花丝长为花药的3倍。雌花序子房无毛，苞片扇形，边缘具线状裂片，花序轴无毛。蒴果长卵形。

分布与生境 河西走廊地区常见园林绿化和防护林树种，在敦煌石窟群周边有人工种植。

资源价值 防风固沙、护堤固土、绿化观赏的树种。木材轻软细致，供民用建筑、家具、火柴杆、造纸等用。树皮可入药。

小叶杨[☆] *Populus simonii*

形态特征　乔木。树冠近圆形。树皮幼时灰绿色，老时暗灰色，沟裂。芽细长，先端长渐尖，褐色，有黏质。叶菱状卵形、菱状椭圆形或菱状倒卵形，基部楔形、宽楔形或窄圆形，边缘平整，细锯齿，无毛，上面淡绿色，下面灰绿或微白。雄花序轴无毛，苞片细条裂，雄蕊8～9（25）。雌花序长2.5～6 cm，苞片淡绿色，裂片褐色，无毛，柱头2裂。果序长达15 cm。蒴果小，2（3）瓣裂，无毛。

分布与生境　河西走廊地区园林绿化和农田防护林树种，在敦煌石窟群周边有人工种植。

资源价值　优良防风固沙、护堤固土、绿化观赏树种，三北防护林和用材林主要树种之一。树皮入药；味苦，性宣；可祛风活血、清热利湿。

垂柳☆ *Salix babylonica*

杨柳科 Salicaceae
柳属 *Salix*

形态特征　乔木。叶狭披针形或线状披针形，先端长渐尖，基部楔形两面无毛或微有毛，锯齿缘。花序先叶开放，或与叶同时开放。雄花序有短梗，轴有毛；雄蕊2，花丝与苞片近等长或较长，基部有长毛，花药红黄色；苞片披针形，外面有毛；腺体2。雌花序有梗，基部有3~4小叶，

轴有毛。蒴果长3~4 mm，带绿黄褐色。

分布与生境　河西走廊地区常见园林绿化树种，在敦煌石窟群周边有人工种植。

资源价值　园林绿化栽培树种。树皮可提取栲胶。枝皮纤维可造纸。全株入药；味苦，性寒；可清热解毒、祛风利湿。

旱柳 ☆ *Salix matsudana*

形态特征　乔木。小枝直立或开展，黄色，后变褐色，微有柔毛或无毛。叶披针形，边缘有明显锯齿，上面有光泽，沿中脉生绒毛，下面苍白，有伏生绢状毛；叶柄被短绢状毛；托叶披针形，边缘有具腺锯齿。总花梗、花序轴和其附着的叶均有白色绒毛；苞片卵形，外面中下部有白色短柔毛；腺体2。雄花序长1～1.5 cm；雄蕊2，花丝基部有疏柔毛。雌花序长12 mm；子房长椭圆形，无毛；无花柱或很短。蒴果2瓣裂开。

分布与生境　河西走廊地区常见园林绿化树种，敦煌石窟群周边有人工种植。

资源价值　园林绿化树种，宜作为护岸林、防风林、庭荫树及行道树。根、皮、枝、种子入药；味苦，性寒；可清热除湿、消肿止痛。

馒头柳[☆] *Salix matsudana f. umbraculifera*

杨柳科 Salicaceae
柳属 *Salix*

形态特征 乔木。大枝斜上，树冠广圆形。叶披针形，上面绿色，无毛，有光泽。花序与叶同时开放。雄花序圆柱形；雄蕊2，花丝基部有长毛，花药卵形，黄色；苞片卵形，黄绿色；腺体2。雌花序较雄花序短，有3~5小叶生于短花序梗上，轴有长毛；子房长椭圆形，近无柄，无毛，花柱很短，柱头卵形，近圆裂；苞片同雄花；腺体2，背生和腹生。果序长2 cm。

分布与生境 河西走廊地区常见园林绿化树种，在敦煌石窟群周边有人工种植。

资源价值 庭荫树、行道树、护岸树，常作为街路树观赏。

线叶柳 *Salix wilhelmsiana*

杨柳科 Salicaceae
柳属 *Salix*

形态特征　灌木或小乔木。小枝细长，末端半下垂，紫红色或栗色。叶线形或线状披针形，嫩叶两面密被绒毛，边缘有细锯齿，稀近全缘。花序与叶近同时开放，密生于上年的小枝上。雄花序近无梗；雄蕊2，连合成单体，花丝无毛，花药黄色，初红色，球形；苞片卵形或长卵形；仅1腹腺。雌花序细圆柱形，基部具小叶；子房卵形，柱头几乎直立，全缘或2裂；苞片卵圆形，淡黄绿色，仅基部有柔毛；腺1，腹生。

分布与生境　河西走廊地区农田防护林树种，在莫高窟、榆林窟和五个庙石窟周边均有人工种植。

资源价值　优质的防护林树种。木材供建筑、坑木、箱板和火柴梗等用材，也可用于造纸和人造棉原料。柳条可编筐、箱、帽等。

泽漆 *Euphorbia helioscopia*

大戟科 Euphorbiaceae
大戟属 *Euphorbia*

形态特征   一年生草本。茎直立，单一或自基部多分枝，光滑无毛。叶互生，倒卵形或匙形；总苞叶5，倒卵状长圆形。花序单生，有柄或近无柄；总苞钟状，光滑无毛，边缘5裂，裂片半圆形，边缘和内侧具柔毛；腺体4，盘状，中部内凹，基部具短柄，淡褐色；雄花几数，明显伸出总苞外；雌花1，子房柄略伸出总苞边缘。蒴果三棱状阔圆形，光滑，无毛；具明显的三纵沟；成熟时分裂为3分果爿。

分布与生境   外来植物，莫高窟园林栽培花卉伴生植物。

资源价值   全草入药；味辛、苦，性微寒；可行水消肿、化痰止咳、解毒杀虫。

蓖麻[☆] *Ricinus communis*

大戟科 Euphorbiaceae
蓖麻属 *Ricinus*

形态特征　一年生草本。单叶互生，叶片盾状圆形，掌状分裂至叶片的一半以下。圆锥花序与叶对生及顶生，下部生雄花，上部生雌花；花雌雄同株，无花瓣；雄蕊多数，花丝多分枝；花柱，深红色。蒴果球形，有软刺，成熟时开裂。种子椭圆形，微扁平，平滑，斑纹淡褐色或灰白色。

分布与生境　河西走廊地区常见栽培植物，在莫高窟有人工种植。

资源价值　种子榨油。全草入药；味甘、辛，性平，有小毒；可消肿拔毒、止痒、祛风活血、止痛镇静。

宿根亚麻 *Linum perenne*

形态特征　多年生草本。茎多数，直立或仰卧，中部以上多分枝，基部木质化，具密集狭条形叶的不育枝。叶互生，叶片狭条形或条状披针形。花多数，组成聚伞花序，蓝色、蓝紫色、淡蓝色；花梗细长，直立或稍向一侧弯曲；萼片5，卵形；花瓣5，倒卵形，顶端圆形，基部楔形；雄蕊5，长于或短于雌蕊，或与雌蕊近等长，花丝中部以下稍宽，基部合生；退化雄蕊5，与雄蕊互生。蒴果近球形，草黄色，开裂。种子椭圆形，褐色。

分布与生境　河西走廊地区常用观赏花卉，莫高窟、西千佛洞有人工种植。

资源价值　观赏性花卉。以花和果实入药；味淡，性平；可通经活血。

鼠掌老鹳草 *Geranium sibiricum*

形态特征　多年生草本。根直立，分枝或不分枝。茎细长，倒伏，上部斜向上，多分枝，略有倒生毛。叶对生，基生叶和茎生叶同形，宽肾状五角形，基部宽心形，掌状5深裂；裂片卵状披针形，羽状分裂或齿状深缺刻，上下面有疏伏毛；基生叶和下部茎生叶有长柄，顶部的柄短。花单个腋生，花柄线状，近中部有2披针形苞片，有倒生微柔毛，在果期向侧弯；萼片矩圆状披针形，边缘膜质；花瓣淡红色，长近于萼片。蒴果有微柔毛。

分布与生境　河西走廊地区常见田间杂草，敦煌石窟群周边均有分布。生于田边、林缘、河谷草甸。

资源价值　地上部分入药；味辛、苦，性平；归肝经、肾经、脾经；可祛风湿、通经络、止泻利。

千屈菜[☆] *Lythrum salicaria*

千屈菜科 Lythraceae
千屈菜属 *Lythrum*

形态特征　多年生草本。全株有柔毛，有时无毛。茎直立，多分枝，具四棱。叶对生或三叶轮生；叶片披针形或阔披针形，先端钝形或短尖，基部圆形或心形，有时略抱茎，全缘，无柄。花生叶腋组成小聚伞花序，花梗及总梗极短，花枝成大型穗状花序；苞片阔披针形至三角状卵形；附属体针状，直立；花瓣6，红紫色或淡紫色，倒披针状长椭圆形，基部楔形；雄蕊12，6长6短，伸出萼筒之外；子房无柄，2室，花柱圆柱状，柱头头状。蒴果扁圆形，包藏于萼内。种子多数，细小。

分布与生境　河西走廊地区常见园林观赏花卉，莫高窟周边有人工种植。

资源价值　全草入药；味苦，性寒；归大肠经、肝经；可清热解毒、收敛止血。

沼生柳叶菜 *Epilobium palustre*

形态特征　多年生草本。茎上部被曲柔毛。叶下部的对生，上部的互生，条状披针形至近条形，通常全缘，无毛；近无柄。花两性，单生于上部叶腋，粉红色，长4~7 mm；花萼裂片4，外疏被短柔毛；花瓣4，倒卵形，顶端凹缺；雄蕊8，4长4短；子房下位，柱头短棍棒状。蒴果圆柱形，被曲柔毛，具长1~2 cm的果柄。种子近倒披针形，顶端有1簇白色种缨。

分布与生境　莫高窟和五个庙石窟周边有分布。生于湖塘、沼泽、河谷、溪沟旁。

资源价值　全草入药；味淡，性平；可清热、疏风、镇咳、止泻。

火炬树 *Rhus typhina*

形态特征　落叶小乔木。小枝密生灰色绒毛。奇数羽状复叶；小叶19~23，长椭圆状至披针形，缘有锯齿，先端长渐尖，基部圆形或宽楔形，上面深绿色，下面苍白色，两面有绒毛，老时脱落，叶轴无翅。雌雄异株；顶生直立圆锥花序，密生绒毛；花淡绿色，雌花花柱有红色刺毛。核果深红色，密生绒毛，花柱宿存、密集成火炬形。

分布与生境　河西走廊地区常见园林绿化树种，在莫高窟周边有人工种植。

资源价值　良好的园林绿化、水土保持和薪炭林树种。叶片中单宁含量较高，是生产栲胶的优良原料。

臭椿☆ *Ailanthus altissima*

苦木科 Simaroubaceae
臭椿属 *Ailanthus*

形态特征　落叶乔木。树皮平滑而有直纹；嫩枝有髓，幼时被黄色或黄褐色柔毛，后脱落。奇数羽状复叶，有小叶13～27；小叶对生或近对生，纸质，卵状披针形先端长渐尖，基部偏斜，截形或稍圆，两侧各具1个或2个粗锯齿，齿背有腺体1个，叶面深绿色，背面灰绿色，揉碎后具臭味。圆锥花序顶生；花淡绿色；萼片5，覆瓦状排列；花瓣5，基部两侧被硬粗毛；雄蕊10，花丝基部密被硬粗毛，雄花中的花丝长于花瓣，雌花中的花丝短于花瓣；花药长圆形，心皮5，花柱黏合，柱头5裂。翅果长椭圆形。种子位于翅的中间，扁圆形。

分布与生境　河西走廊地区常用绿化树种，莫高窟和西千佛洞周边有人工种植。

资源价值　园林绿化树种。树皮、根皮、果实均可入药，具有清热燥湿、收涩止带、止泻、止血之功效。

咖啡黄葵 [☆] *Abelmoschus esculentus*

形态特征　一年生草本。茎圆柱形，疏生散刺毛。叶互生，近于心形，常3~7裂，裂片宽至狭，边缘具粗齿，两面有硬毛；托叶条形，长10 mm。花单生叶腋，花梗长1~2 cm；小苞片8~10，条形；花萼钟形，较长于小苞片，花后脱落；花黄色，具紫心。蒴果狭塔状矩圆形，顶端具长喙，有硬毛。种子多数，球形。

分布与生境　河西走廊地区常见栽培蔬菜，西千佛洞周边有人工种植。

资源价值　果荚可食用。种子可榨油。全草药用；味淡，性寒；入肾经、膀胱经；具清热利咽、通淋下乳、调经的功效。

苘麻 *Abutilon theophrasti*

形态特征　一年生草本，高1～2 m。茎有柔毛。叶互生，圆心形，长5～10 cm，两面密生星状柔毛；叶柄长3～12 cm。花单生叶腋，花梗长1～3 cm，近端处有节；花萼杯状，5裂；花黄色，花瓣倒卵形，长1 cm；心皮15～20，排列成轮状。蒴果半球形，直径2 cm，分果爿15～20，有粗毛，顶端有2长芒。

分布与生境　河西走廊地区常见植物，在敦煌石窟群周边均有分布。生于路旁、荒地和田野间。

资源价值　茎皮纤维供纺织等。种子油供制皂、油漆等。全草入药；味苦，性平；可清热利湿、解毒开窍。

蜀葵☆ *Althaea rosea*

锦葵科 Malvaceae
蜀葵属 *Althaea*

形态特征 二年生直立草本。茎枝密被刺毛。叶近圆心形，掌状5～7浅裂或波状棱角，上面疏被星状柔毛，粗糙，下面被星状长硬毛或绒毛；叶柄被星状长硬毛；托叶卵形，先端具3尖。花腋生，单生或近簇生，排列成总状花序，具叶状苞片；萼钟状，5齿裂，裂片卵状三角形，密被星状粗硬毛；花大，有红、紫、白、粉红、黄和黑紫等色，单瓣或重瓣，花瓣倒卵状三角形，先端凹缺，基部狭，爪被长髯毛；雄蕊柱无毛，花丝纤细，花药黄色；花柱分枝多数，微被细毛。果盘状，被短柔毛，分果爿近圆形。

分布与生境 河西走廊地区常见园林观赏花卉，敦煌石窟群周边均有人工种植。

资源价值 观赏花卉。茎皮含纤维可代麻用。以根、叶、花、种子入药；味甘，性凉；可清热、解毒、排脓、利尿。

陆地棉[☆] *Gossypium hirsutum*

锦葵科 Malvaceae
棉属 *Gossypium*

形态特征　一年生草本。叶互生，宽卵形，长宽几相等，掌状3裂，稀5裂，中裂片常深达叶片之半，裂片宽三角状卵形，顶端锐尖，下面有长柔毛；托叶早落。花单生，花梗短于叶柄；小苞片3，分离，基部心形，有1腺体；萼杯状，5齿裂；花冠白或淡黄色，后变淡红或紫色，长几为苞片的2倍。蒴果卵形，具喙，3~4室。种子分离，具长棉毛和灰白色纤毛。

分布与生境　河西走廊地区主要农作物之一，西千佛洞周边有大面积人工种植。

资源价值　棉纤维是优良纺织原料。种子可榨油。根皮入药；味辛，性温；入肺、肝二经；可止咳平喘、活血调经。

野西瓜苗 *Hibiscus trionum*

锦葵科 Malvaceae
木槿属 *Hibiscus*

形态特征　一年生草本。茎柔软，具白色星状粗毛。下部叶圆形，不分裂；上部叶掌状3～5全裂，裂片倒卵形，通常羽状分裂，两面有星状粗刺毛。花单生叶腋；花梗果时延长达4 cm；小苞片12，条形，长8 mm；萼钟形，淡绿色，裂片5，膜质，三角形，有紫色条纹；花冠淡黄色，内面基部紫色，直径2～3 cm。蒴果矩圆状球形，直径约1 cm，有粗毛，果瓣5。

分布与生境　莫高窟和西千佛洞周边有分布。生长于路旁、田埂、荒坡、旷野等处。

资源价值　全草及种子入药。全草味甘，性寒；可清热解毒、祛风除湿、止咳、利尿。种子味辛，性平；可润肺止咳、补肾。

锦葵[☆] *Malva cathayensis*

形态特征　二年生或多年生直立草本。叶圆心形或肾形，具5~7圆齿状钝裂片，上面槽内被长硬毛；托叶偏斜，卵形，具锯齿，先端渐尖。花3~11簇生，花梗无毛或疏被粗毛；小苞片3，长圆形，先端圆形，疏被柔毛；花紫红色或白色，花瓣5，匙形，先端微缺，爪具髯毛；雄蕊柱被刺毛，花丝无毛；花柱分枝9~11，被微细毛。果扁圆形，分果爿9~11，肾形，被柔毛。种子黑褐色。

分布与生境　河西走廊地区常见园林观赏花卉，莫高窟和西千佛洞周边有人工种植。

资源价值　园林观赏花卉。茎、叶、花入药；味咸，性寒；可清热利湿、理气通便。

野葵 *Malva verticillata*

锦葵科 Malvaceae
锦葵属 *Malva*

形态特征　二年生草本。叶肾形或圆形，通常为掌状5～7裂，边缘具钝齿。花3至多朵簇生于叶腋；小苞片3，线状披针形；花萼杯状，5裂；花冠长略超过萼片，淡白色至淡红色，花瓣5，先端凹入；花柱分枝10～11。果扁球形，分果爿10～11。

分布与生境　河西走廊地区常见田间杂草，敦煌石窟群周边均有分布。生于田边、荒地及路边。

资源价值　嫩苗可食用。种子、根和叶做中草药，具有利水通淋、润肠通便之功效。

旱金莲[☆] *Tropaeolum majus*

形态特征　一年生肉质草本，蔓生，无毛或被疏毛。叶互生，叶片圆形，边缘为波浪形的浅缺刻，背面通常被疏毛或有乳突点。单花腋生，花黄色、紫色、橘红色或杂色；花托杯状；萼片5，长椭圆状披针形；花瓣5，通常圆形，边缘有缺刻，上部2花瓣通常全缘，着生在距的开口处，下部3花瓣基部狭窄成爪，近爪处边缘具睫毛；雄蕊8；子房3室，花柱1，柱头3裂，线形。果扁球形，成熟时分裂成3个具1种子的瘦果。

分布与生境　河西走廊地区常见观赏花卉，莫高窟、西千佛洞和榆林窟周边均有人工种植。

资源价值　优良的园林观赏花卉。全草入药；味辛，性凉；可清热解毒。

刺山柑 *Capparis hainanensis*

山柑科 Capparaceae
山柑属 *Capparis*

形态特征　蔓生灌木。小枝淡绿色，幼时有柔毛，后变无毛。叶纸质，近圆形、宽卵形或倒卵形，先端圆形，具短突尖，基部圆形，全缘，两面无毛；托叶变形成弯刺。花单生叶腋；花梗无毛；萼片卵形，外面无毛，内面有柔毛，后变无毛；花瓣白色、粉红色或紫红色，倒卵形；雄蕊多数。浆果椭圆形，具多数种子。

分布与生境　适温超旱生植物，主要分布在荒漠和半荒漠地带，在敦煌市黄渠镇、瓜州县西湖镇等有分布。

资源价值　全草入药；味辛、苦，性温，有毒；可祛风散寒、除湿。

醉蝶花 [☆] *Tarenaya hassleriana*

白花菜科 Cleomaceae
醉蝶花属 *Tarenaya*

形态特征　一年生草本植物。花茎直立，株高40～60 cm，其茎上长有黏质细毛，会散发一股强烈的特殊气味。叶片为掌状复叶，小叶5～7，为矩圆状披针形。总状花序顶生，花由底部向上次第开放；花瓣披针形向外反卷，呈玫瑰红色或白色；雄蕊特长。蒴果圆柱形，种子浅褐色。花茎长而壮实，花盛开时，总状花序形成一个丰满的花球，朵朵小花犹如翩翩起舞的蝴蝶，非常美观。

分布与生境　河西走廊地区常见栽培花卉，在敦煌石窟群周边均有人工种植。

资源价值　园林观赏花卉。全草入药；味辛、涩，性平，有小毒；可祛风散寒、杀虫止痒。

欧洲油菜 *Brassica napus*

形态特征　一年生或二年生草本，植株常无毛。茎直立，有分枝。幼叶散生刚毛，被粉霜；下部茎生叶大头羽裂，顶裂片卵形，边缘有钝齿，侧裂片约2对，卵形，基部有裂片；中部及上部茎生叶基部心形，抱茎。总状花序伞房状；萼片卵形；花瓣浅黄色，倒卵形。长角果线形，细；果瓣有中脉；果柄长约2 cm。种子球形，黄棕色，有网状小穴。

分布与生境　河西走廊地区主要栽培油料作物之一，在莫高窟和榆林窟周边有人工种植。

资源价值　优良观赏花卉和油料作物，亦可做蔬菜和动物饲料。种子入药；味辛，性温；入肺经；主行血破气，治产后气痛血痛、热肿疮痔、小儿惊风等症。

独行菜 *Lepidium apetalum*

形态特征　一年生或二年生草本。茎直立，有分枝，无毛或具微小头状毛。基生叶窄匙形，一回羽状浅裂或深裂；叶柄长1~2 cm；茎上部叶线形，有疏齿或全缘。总状花序在果期可延长至5 cm；萼片早落，卵形，外面有柔毛；花瓣不存或退化成丝状，比萼片短；雄蕊2或4。短角果近圆形或宽椭圆形，扁平，顶端微缺，上部有短翅，隔膜宽不到1 mm；果梗弧形。种子椭圆形，平滑，棕红色。

分布与生境　河西走廊地区常见草本，在敦煌石窟群周边均有分布。生于河流两侧，以及季节性洪水河滩、山沟和路旁。

资源价值　干燥成熟的种子入药；味辛、苦，性大寒；归肺经、膀胱经；可泻肺平喘、行水消肿。

球果群心菜 *Lepidium chalepense*

十字花科 Brassicaceae
独行菜属 *Lepidium*

形态特征　多年生草本，密被柔毛，向上渐少。茎直立，多分枝。基生叶有柄，匙形或倒卵形，全缘或有波状齿，早枯；茎生叶匙形、倒卵形、披针形或长圆形，顶端钝，有小尖头或渐尖，基部渐窄或具耳，抱茎，全缘，波状齿或不规则锯齿。总状花序顶生及腋生，形成圆锥状或伞房状花序；萼片矩圆形，有宽的膜质边缘；花瓣白色瓣片倒卵形或椭圆形，具爪；雄蕊6；侧蜜腺三角形，不连合，中蜜腺锥形。短角果宽卵形或近球形，膨胀，无毛，有不明显的脉纹；果梗无毛。种子每室1，椭圆形，褐色。

分布与生境　河西走廊地区常见田间杂草，在敦煌石窟群周边均有分布。生于田边、路边、河边及水沟旁。

资源价值　全草入药。

宽叶独行菜 *Lepidium latifolium*

形态特征　多年生草本。茎直立，上部多分枝，基部稍木质化，无毛或疏生单毛。基生叶及茎下部叶长圆状披针形或卵形，先端钝，基部渐窄，全缘或有齿，疏被柔毛或几无毛；茎上部叶披针形或长椭圆形，无柄。总状花序圆锥状；花梗无毛；萼片早落，长圆状卵形或近圆形，有柔毛；花柱短。短角果宽卵形或近圆形，平滑或稍呈网状，顶端全缘，基部圆钝，无翅。种子宽椭圆形，浅棕色，无翅。

分布与生境　河西走廊地区常见多年生草本，在敦煌石窟群周边均有分布。生于田边、地埂、沟边、河谷。

资源价值　全草入药；味微苦涩，性凉；可清热燥湿。

诸葛菜 *Orychophragmus violaceus*

十字花科 Brassicaceae
诸葛菜属 *Orychophragmus*

形态特征　一年生或二年生草本，无毛，有粉霜。基生叶和下部叶具叶柄，大头羽状分裂，顶生裂片肾形或三角状卵形，基部心形，具钝齿，侧生裂片2~6对，歪卵形；中部叶具卵形顶生裂片，抱茎；上部叶矩圆形，不裂，基部两侧耳状，抱茎。总状花序顶生，花深紫色。长角果条形，具4棱，喙长1.5~2.5 cm，裂瓣有中脉。种子1行，卵状矩圆形，黑褐色。

分布与生境　河西走廊地区常见栽培花卉，在莫高窟和西千佛洞周边有人工种植。

资源价值　早春观赏花卉，嫩茎叶可食用，种子可榨油。全草入药；味辛、苦，性温；可平热解毒、利水明目，治腹胀、症瘕积聚、小儿血痢。

萝卜☆ *Raphanus sativus*

形态特征　一年生或二年生草本，全体粗糙。直根粗壮，肉质，形状和大小多变化。茎分枝。基生叶和下部叶大头羽状分裂，顶生裂片卵形，侧生裂片4～6对，向基部渐缩小，矩圆形，边缘有钝齿，疏生粗毛；上部叶矩圆形，有锯齿或近全缘。总状花序顶生，花淡紫红色或白色。长角果肉质，圆柱形，在种子间缩细，并形成海绵质横隔，先端渐尖成喙。种子卵形，微扁，红褐色。

分布与生境　河西走廊地区常见栽培蔬菜，敦煌石窟群周边均有人工种植。

资源价值　根为食用蔬菜，亦可入药；味辛，性甘，无毒；入肺经、胃经；能消积滞、化痰热、下气、宽中、解毒。

沼生蘏菜 *Rorippa islandica*

十字花科 Brassicaceae
蘏菜属 *Rorippa*

形态特征　二年生或多年生草本。茎斜上，无毛或稍有毛，分枝。基生叶和下部叶羽状分裂，顶生裂片较大，卵形，侧生裂片较小，5~8对，边缘有钝齿，只在叶柄和中脉疏生短毛，其他部分无毛；花序下叶披针形，不分裂。总状花序顶生或腋生；花黄色。长角果圆柱状长椭圆形，弯曲。种子卵形，稍扁平，红黄色，有小点。

分布与生境　河西走廊地区常见杂草，在敦煌石窟群周边均有分布。生于田边、路旁、潮湿地。

资源价值　全草入药；味辛、苦，性凉；归肝经、膀胱经；可清热解毒、利水消肿。

欧亚葶菜 *Rorippa sylvestris*

形态特征　一年生、二年生至多年生草本，植株近无毛。茎单一或基部分枝，直立或呈铺散状。叶羽状全裂或羽状分裂，下部叶有柄，基部具小叶耳，裂片披针形或近长圆形；茎上部叶近无柄，裂片渐狭小，边缘齿渐少。总状花序顶生或腋生，初密集成头状，结果时延长；萼片长椭圆形；花瓣黄色，宽匙形，基部具爪，瓣片具脉纹；雄蕊6，近等长，花丝扁平。长角果线状圆柱形，微向上弯（未熟）；果梗纤细，近水平开展。

分布与生境　引种伴生植物，仅在莫高窟周边有分布。生于田边、水沟边及潮湿地。

资源价值　全草入药。

菥蓂 *Thlaspi arvense*

形态特征　一年生草本，全株无毛。茎直立，不分枝或分枝，具棱。基生叶有柄，倒卵状矩圆形；茎生叶矩圆状披针形或倒披针形，先端圆钝，基部抱茎，两侧箭形，具疏齿。总状花序顶生；花白色。短角果倒卵形或近圆形，扁平，先端凹入，边缘有宽约3 mm的翅。种子5～10，卵形，黄褐色。

分布与生境　河西走廊地区常见栽培花卉，在莫高窟周边有人工种植。

资源价值　种子油供工业用。全草入药；味辛，性微温；归肝经、脾经、肾经；可明目、祛风湿。

宽苞水柏枝 *Myricaria bracteata*

柽柳科 Tamaricaceae
水柏枝属 *Myricaria*

形态特征　灌木。当年生枝红棕或黄绿色。叶卵形、卵状披针形或窄长圆形，密集。总状花序顶生于当年生枝上，密集呈穗状；苞片宽卵形或椭圆形，具宽膜质啮齿状边，先端尖或尾尖；萼片披针形或长圆形；花瓣倒卵形或倒卵状长圆形，常内曲，粉红或淡紫色，花后宿存；雄蕊花丝连合至中部或中部以上。蒴果窄圆锥形，顶端芒柱上半部被白色长柔毛。

分布与生境　敦煌大泉河和肃北党河峡谷有分布。生于河谷沙砾质河滩、湖边沙地及山前冲积扇沙砾质戈壁上。

资源价值　优质的水土保持和园林绿化树种。嫩枝入药；味甘，性温；可升阳发散、解毒透疹、祛风止痒。

红砂 *Reaumuria soongarica*

形态特征　小灌木，树皮不规则薄片剥裂。多分枝，老枝灰褐色。叶肉质，短圆柱形，鳞片状，上部稍粗。花单生叶腋，无梗；苞片3，披针形；花萼钟形，5裂，裂片三角形，被腺点；花瓣5，白色略带淡红，内侧具2倒披针形附属物，薄片状；雄蕊6~8（~12），分离，花丝基部宽，几与花瓣等长；子房椭圆形，花柱3，柱头窄长。蒴果纺锤形或长椭圆形，具3棱，3（4）瓣裂，常具3~4种子。种子长圆形，全被淡褐色长毛。

分布与生境　河西走廊地区主要荒漠树种之一，敦煌石窟群周边均有分布。生于沙丘和粗砾质戈壁上。

资源价值　优良固沙树种，荒漠区域的良好牧草。枝叶入药。

白花柽柳 *Tamarix androssowii*

形态特征　灌木或小乔木状。生长枝上的叶淡绿色，几抱茎；营养枝上的叶卵形，有内弯的尖头。总状花序单生或1～3花簇生，侧生在去年生的生长枝上；苞片长圆状卵形，先端钝，具有软骨质钻状尖头，略向内弯；花萼比花瓣短1/3，萼片卵形，突尖，具龙骨突起；花瓣白色或淡白色，倒卵形，互相靠合，花后略开张，果时大多宿存；雄蕊4；子房狭圆锥形，花柱3，棍棒状，短，长为子房的1/3～1/4。蒴果小，狭圆锥形。

分布与生境　仅在五个庙石窟周边有分布。生于荒漠及河谷沙地。

资源价值　固沙造林的优良树种，各种农具柄把的良好材料，嫩枝叶可做羊和骆驼饲料。

密花柽柳[☆] *Tamarix arceuthoides*

柽柳科 Tamaricaceae
柽柳属 *Tamarix*

形态特征　灌木，枝红紫色。嫩枝上叶卵状披针形，长渐尖，鲜绿色。总状花序几无柄，通常组成顶生圆锥花序，夏初出现，在山地春季出自去年枝上；苞片卵形或条状披针形，钻状渐尖，长于花梗；花5数；萼比花瓣短，萼片卵状三角形，花期末紧包子房；花瓣张开，倒卵形，白色、粉红色至紫色，花后即落；花盘常10裂；雄蕊5，花丝长于花瓣1.2～2倍；花柱3。蒴果小。

分布与生境　河西走廊地区主要荒漠植物之一，敦煌石窟群周边均有分布。生于石质戈壁、山沟、河谷。

资源价值　优良绿篱、园林绿化和固沙植物。枝叶可做牲畜饲料。

多花柽柳 *Tamarix hohenackeri*

形态特征　灌木或小乔木。老枝灰棕色，小枝淡紫红或深紫色。叶披针形或卵状披针形，长渐尖。总状花序春季侧生去年枝上，单生或2~3花簇生；苞片条形或披针形，长略超过花梗，少有几等于花梗和萼的总长，膜质；花梗长等于或超过萼；花5数；萼片卵形；花冠球形，宿存，花瓣卵形或几圆形，粉红色，少有白色；花盘5裂；雄蕊5，长等于或超过花瓣；花柱3，稀4，短。

分布与生境　河西走廊地区主要湿地植物之一，敦煌石窟群周边均有分布。生于河岸、湖边沙地和弱盐化土壤上。

资源价值　荒漠地区绿化和固沙造林植物。嫩枝、叶入药，可祛风除湿、利尿、解表。

短穗柽柳 *Tamarix laxa*

形态特征　灌木。老枝灰色，幼枝灰色至淡红灰色。叶卵状斜方形，尖。总状花序短而粗，稀疏，早春出自去年枝上，总花梗短；苞片卵形或矩圆形，钝，革质。花两型；春季花4数，生去年枝上；秋季花5数，生当年枝上；萼片卵形，钝渐尖，宽边透明，比花瓣短；花瓣矩圆状倒卵形，张开，粉红，少白色；花丝略长于花瓣，花药心形，钝，深紫色；花柱3个，短。蒴果圆锥形。

分布与生境　河西走廊地区主要湿地植物之一，在敦煌石窟群周边均有分布。生于河岸、湖边沙地和弱盐化土壤上。

资源价值　荒漠地区常用于固沙造林。嫩枝、花入药；味辛、甘，性平；可疏风、解毒、透疹、止咳、清热。

细穗柽柳 *Tamarix leptostachys*

形态特征　灌木。老枝树皮淡棕色、青灰色或火红色。叶狭卵形、卵状披针形，急尖，下延。总状花序细长，生于当年生幼枝顶端，集浅顶生密集的球形或卵状大型圆锥花序；苞片钻形，渐尖，直伸，与花梗等长或与花萼几等长；花梗与花萼等长或略长；花5数，小；花瓣倒卵形，钝，淡紫红色或粉红色；雄蕊5，花丝细长；子房细圆锥形，花柱3。蒴果细。

分布与生境　河西走廊地区主要湿地植物之一，敦煌石窟群周边均有分布。生长于潮湿的盐碱地、丘间低地、河湖沿岸及河漫滩等。

资源价值　盐碱地改良和水土保持优良树种。枝叶中含单宁，可做鞣料、染料之用。

多枝柽柳 *Tamarix ramosissima*

柽柳科 Tamaricaceae
柽柳属 *Tamarix*

形态特征　灌木；枝条细瘦，红棕色。叶披针形、短卵形或三角状心形，锐尖头，常略内弯。总状花序密生在当年生枝上，组成顶生大圆锥花序；苞片卵状披针形；花梗短于或等长于萼；萼片5，卵形，渐尖或钝头；花瓣5，倒卵形，宿存，淡红、紫红或白色；花盘5裂；雄蕊5；花柱3，棍棒状。蒴果三角状圆锥形。

分布与生境　河西走廊地区主要湿地植物之一，敦煌石窟群周边均有分布。生于河边、沙地及盐碱地。

资源价值　优良的固沙植物和良好的薪炭植物。枝条供编制和建筑用材。嫩枝、叶可入药；味甘、辛，性平；可散风解表、透疹。

黄花补血草 *Limonium aureum*

形态特征　多年生草本，全株无毛。基生叶常早凋；通常长圆状匙形至倒披针形，先端圆钝，具短尖头，基部楔形下延为扁平的叶柄。花3～5组成聚伞花序，排列于花序分枝顶端形成伞房状圆锥花序；花序轴具小疣点，下部无叶，具多数不育小枝；苞片短于花萼，边缘膜质；花萼宽漏斗状，萼筒倒圆锥状，干膜质，有5脉，具长柔毛，萼檐先端有5裂片，金黄色；花冠由5花瓣基部联合而成，花瓣橙黄色，基部合生；雄蕊5，着生于花瓣基部；花柱5，离生，无毛，柱头圆柱形，子房倒卵形。蒴果包藏于萼内。

分布与生境　河西走廊地区常见荒漠植物，敦煌石窟群周边均有分布。生于山坡、河道、路旁及戈壁。

资源价值　花入药；味淡，性凉；可止痛、消炎、补血。

耳叶补血草 *Limonium otolepis*

白花丹科 Plumbaginaceae
补血草属 *Limonium*

形态特征 多年生草本植物。根状茎直立。叶基生并在花序轴上互生；基生叶片倒卵状匙形，先端钝或圆，开花时凋落。花序圆锥状，花序轴单生，圆柱状，平滑或小枝上略具疣；穗状花序排列于细弱分枝的上部至顶端，小穗含花；外苞片宽卵形，萼筒无毛或在一侧近基部的脉上略有毛，萼檐白色，裂片先端钝，脉不达于裂片基部；花冠淡蓝紫色。花期6～7月，果期7～8月。

分布与生境 河西走廊地区荒漠特有植物，榆林窟周边有分布。生于盐碱地、盐渍化荒地及河边低洼地。

资源价值 园林绿化花坛、花境布设花卉。根及全草药用；味苦、咸，性温；可活血、止血、温中健脾、滋补强壮。

补血草 *Limonium sinense*

形态特征　多年生草本。叶片顶端钝而具短尖头，基部楔形下延为宽叶柄。花常2~3组成聚伞花序，穗状排列于花序分枝顶端形成圆锥状花序；花序枝具显著棱槽，常无不育小枝；苞片短于花萼，紫褐色，边缘膜质；花萼漏斗状，萼筒倒圆锥形，长3~4 mm，疏生柔毛，裂片5，白色或稍带黄色；花瓣5，黄色，基部连合；雄蕊5，与花瓣对生，花药内向；花柱5，离生，无毛，柱头圆柱形或丝状圆柱形，子房倒卵形，有显明的5棱。

分布与生境　河西走廊地区常见观赏花卉，莫高窟和西千佛洞周边有大面积人工种植。

资源价值　园林观赏花卉。根及全草入药；味苦、咸，性温；可活血、止血、温中健脾、滋补强壮。

沙木蓼 *Atraphaxis bracteata*

蓼科 Polygonaceae
木蓼属 *Atraphaxis*

形态特征   一年生草本。茎直立或倾斜，多分枝，无毛。叶有短柄；叶片披针形，顶端渐尖，基部楔形，全缘，通常两面有腺点；托叶鞘筒形，膜质，紫褐色，有睫毛。花序穗状，顶生或腋生，细长，下部间断；苞片钟形，疏生睫毛或无毛；花疏生，淡绿色或淡红色；花被5深裂，有腺点；雄蕊通常6；花柱2～3。瘦果卵形，扁平，少有3棱，有小点，暗褐色，稍有光泽。

分布与生境   仅在五个庙石窟周边有分布。生于石质山坡、砾质戈壁及半固定沙丘。

资源价值   花稠而香，为良好的蜜源植物和固沙树种。

阿拉善沙拐枣 *Calligonum alaschanicum*

蓼科 Polygonaceae
沙拐枣属 *Calligonum*

形态特征　灌木。老枝灰色或黄灰色，幼枝灰绿色。花梗细；花被片宽卵形或近球形。果宽卵形，少数近球形；瘦果长卵形，向左或向右扭转，肋极凸起，沟槽明显；刺较细，每肋有2～3行，稠密或较稀疏，比瘦果宽稍长至长过于2倍，基部微扁平，稍扩大，分离成少数稍连合，中部或中下部2次2～3分叉，顶枝开展，交错或伸直。

分布与生境　敦煌石窟群周边有大面积分布，是构成荒漠植物群落的主要树种之一。生于平沙地、沙丘及戈壁。

资源价值　良好的固沙植物和饲用植物。根或带果全草入药；味苦、涩，性微温；可清热解毒、利尿。

甘肃沙拐枣 *Calligonum chinense*

形态特征　灌木。老枝淡灰色；幼枝灰绿色，有关节。叶线形，托叶膜质。花1~3，生于叶腋，中部有关节；花被片宽椭圆形，深红色或淡红色，果时反折。果近球形、宽椭圆形或椭圆形，幼果红褐色或淡红色，成熟果褐色或黄褐色；瘦果椭圆形或宽椭圆形，扭转，有宽肋和深沟槽；每肋有刺3行（少数2行），中行基部不扩大，边缘2行基部扩大，扁平，分离或稍连合，稠密，较粗，质硬，通常短于或等于瘦果宽，上部或中上部2~3次2~3分叉，末枝短而尖，开展，直立。

分布与生境　河西走廊地区主要荒漠树种之一，在敦煌石窟群周边均有分布。生于流动沙丘、半固定沙丘和沙砾质荒漠。

资源价值　优良固沙树种。根及带果全草入药；味苦、涩，性微温；可清热解毒、利尿。

柴达木沙拐枣 *Calligonum zaidamense*

蓼科 Polygonaceae
沙拐枣属 *Calligonum*

形态特征　灌木，高0.6~2 m。老枝淡灰色或带黄灰色；幼枝灰绿色，节间长2~3 cm，向上开展。花稠密，2~4生于叶腋。果（包括刺）宽椭圆形，长10~17 mm，宽8~15 mm；瘦果长卵形，扭转或不扭转，肋钝圆，沟槽深，肋中央生2行刺；刺细弱，较易折断，较疏或较密，基部扁，稍扩大，分离或稍连合，中部2次二叉分枝，末枝细尖。

分布与生境　河西走廊地区主要荒漠树种之一，在敦煌石窟群周边有分布。生于沙丘、半固定沙丘和沙砾质荒漠。

资源价值　优良的固沙植物和薪炭植物。

木藤蓼 *Fallopia aubertii*

蓼科 Polygonaceae
何首乌属 *Fallopia*

形态特征　半灌木。茎缠绕，灰褐色，无毛。叶簇生，稀互生，叶片长卵形或卵形，近革质，顶端急尖，基部近心形，两面均无毛。花序圆锥状，少分枝，稀疏，腋生或顶生，花序梗具小突起；苞片膜质，顶端急尖，每苞内具3~6花；花梗细，下部具关节；花被5深裂，淡绿色或白色，花被片外面3较大，背部具翅，果时增大，基部下延；花被果时外形呈倒卵形；雄蕊8，比花被短，花丝中下部较宽，基部具柔毛；花柱3，极短，柱头头状。瘦果卵形，具3棱，黑褐色，密被小颗粒，微有光泽，包于宿存花被内。

分布与生境　引种植物，仅在莫高窟周边有人工种植，用于垂直绿化。

资源价值　垂直绿化快速见效的优良树种。茎和根可入药；茎味甘，性微寒，有毒，可解表、清热；根味苦、涩，性凉，可清热解毒、调经止血。

萹蓄 *Polygonum aviculare*

蓼科 Polygonaceae
蓼属 *Polygonum*

形态特征　一年生草本。茎平卧或上升，自基部分枝，有棱角。叶有极短柄或近无柄；叶片狭椭圆形或披针形，顶端钝或急尖，基部楔形，全缘；托叶鞘膜质，下部褐色，上部白色透明，有不明显脉纹。花腋生，1～5簇生叶腋，遍布于植株；花梗细而短，顶部有关节；花被5深裂，裂片椭圆形，绿色，边缘白色或淡红色；雄蕊8；花柱3。瘦果卵形，有3棱，黑色或褐色，生不明显小点，无光泽。

分布与生境　河西走廊地区常见田间杂草，敦煌石窟群周边有分布。生于田边、路边及沟边湿地。

资源价值　地上部分入药；味苦，性寒；入膀胱经；可利尿、清热、杀虫。

水蓼 *Polygonum hydropiper*

蓼科 Polygonaceae
蓼属 *Polygonum*

形态特征　直立灌木。主干粗壮，淡褐色，直立，无毛。托叶鞘圆筒状，膜质，上部斜形，顶端具2个尖锐的齿；叶革质，长圆形或椭圆形，无毛。总状花序，顶生；苞片披针形，膜质；花被片5，绿白色或粉红色，内轮花被片卵圆形，不等大，网脉明显，边缘波状，外轮花被片肾状圆形，果时平展，不反折，具明显的网脉。瘦果卵形，具三棱形，黑褐色，光亮。

分布与生境　河西走廊地区常见田间杂草，敦煌石窟群周边有分布。生于田边、河滩、水沟边、山谷湿地等。

资源价值　根可入药；味辛，性温；可活血调经、健脾利湿、解毒消肿。

新疆蓼 *Polygonum schischkinii*

形态特征　半灌木。直立，自基部分枝，枝无毛，具纵棱，稍之字形弯曲。叶椭圆形或长圆形，顶端尖或圆钝，基部楔形，边缘外卷，革质，灰绿色，两面无毛，下面中脉稍突出；叶柄具关节；托叶鞘基部草质，褐色，中上部膜质，白色，2裂。花序总状，长4~7 cm；苞片绿色，每苞内具1~2花；花被5深裂，花被片长卵形，背部绿色，边缘淡红色或白色；雄蕊8，花丝不相等，其中3个基部较宽；花柱3，柱头头状。瘦果长卵形，具3棱，黑褐色，有光泽，包于宿存花被内。

分布与生境　仅在莫高窟周边有分布。生于沙砾质荒漠、盐碱地及河谷浅滩。

资源价值　牧草。全草可入药。

西伯利亚蓼 *Polygonum sibiricum*

蓼科 Polygonaceae
蓼属 *Polygonum*

形态特征　多年生草本。根状茎细长。茎斜向上或近直立，通常自基部分枝。叶有短柄；叶片矩圆形或披针形，近肉质，无毛，顶端急尖，基部戟形或楔形。花序圆锥状，顶生；苞片漏斗状；花梗中上部有关节；花黄绿色，有短梗；花被5深裂，裂片矩圆形，长约3 mm；雄蕊7~8；花柱3，甚短，柱头头状。瘦果椭圆形，有3棱，黑色，平滑，有光泽。

分布与生境　在莫高窟和西千佛洞周边有分布。生于田边、林地及草丛间。

资源价值　块茎入药；味微辛、苦，性微寒；可疏风清热、利水消肿。

矮大黄 *Rheum nanum*

蓼科 Polygonaceae
大黄属 *Rheum*

形态特征 多年生粗壮无茎草本。基生叶2～4，叶革质，肾状圆形或近圆形，先端宽圆，基部圆或稍心形，近全缘，基脉3～5，上面有白色疣状突起，下面无毛；叶柄粗，无毛。圆锥花序由根茎生出，近中部分枝，花簇密生，苞片鳞片状；花梗，无关节；花被片近肉质，黄白色，带紫红色，外轮3条状披针形，内轮3宽椭圆形或宽卵形；雄蕊9，着生花盘外缘，内藏；花柱反曲，柱头倒圆锥状。果肾状圆形，红色，纵脉近翅缘；宿存花被几全包果。

分布与生境 在五个庙石窟和榆林窟周边有分布。生于山沟、山坡及戈壁。

资源价值 根及根茎入药；味苦，性寒；归胃经、大肠经、肝经；可泻热毒、破积滞、行瘀血。

巴天酸模 *Rumex patientia*

形态特征　多年生草本。茎直立，粗壮，不分枝或分枝，有沟槽。基生叶矩圆状披针形，顶端急尖或圆钝，基部圆形或近心形，全缘或边缘波状，叶柄粗；上部叶小而狭，近无柄；托叶鞘筒状，膜质。大型圆锥花序，顶生或腋生；花两性；花被片6，2轮，果时内轮花被片增大，宽心形，有网纹，全缘，一部或全部有瘤状突起；雄蕊6；柱头3，画笔状。瘦果卵形，有3锐棱，褐色，有光泽。

分布与生境　河西走廊地区常见杂草，在敦煌石窟群周边均有分布。生于田边、潮湿地及水沟边。

资源价值　根或全草入药；味苦，性寒；归心经、肝经、大肠经；可清热通便、凉血止血、杀虫止痒。

石竹[☆] *Dianthus chinensis*

石竹科 Caryophyllaceae
石竹属 *Dianthus*

形态特征　多年生草本。茎簇生，直立，无毛。叶条形或宽披针形，有时为舌形。花顶生于分叉的枝端，单生或对生，有时成圆锥状聚伞花序；花下有4~6苞片；萼筒圆筒形，萼齿5；花瓣5，鲜红色、白色或粉红色，瓣片扇状倒卵形，边缘有不整齐浅齿裂，喉部有深色斑纹和疏生须毛，基部具长爪；雄蕊10；子房矩圆形，花柱2，丝状。蒴果矩圆形。种子灰黑色，卵形，微扁，缘有狭翅。

分布与生境　河西走廊地区常见栽培花卉，在敦煌石窟群周边均有大面积人工种植。

资源价值　园林观赏花卉。全草或根入药；味苦，性寒；归心经、小肠经；可利尿通淋、破血通经。

裸果木 *Gymnocarpos przewalskii*

形态特征　半灌木。分枝多曲折，幼时红赭色，节部膨大。叶具膜质托叶，几无叶柄；稍肉质，钻形，略圆筒状，顶端急尖，具短尖头。花一至数朵成腋生聚伞花序；苞片白色，透明，膜质，椭圆形；花小，不显著；花托钟状漏斗形；萼片5，倒披针形，外面有短柔毛；无花瓣；雄蕊10，生于肉质花盘上，与萼片对生的5雄蕊具花药，其他5雄蕊无花药；子房上位，近球形，有1基生胚珠，花柱1，丝状。瘦果包藏在宿存萼内，具一种子。

分布与生境　河西走廊地区重点保护物种，在敦煌石窟群周边均有分布。生于干河床、戈壁滩及砾石山坡等。

资源价值　嫩枝骆驼喜食。固沙植物。对研究中国西北及内蒙古荒漠的发生、发展、气候的变化以及旱生植物区系成分的起源，有较重要的科学价值。

高雪轮[☆] *Silene armeria*

石竹科 Caryophyllaceae
蝇子草属 *Silene*

形态特征　一年生草本。茎直立，粉绿色，近无毛，或有疏柔毛，上部有黏液。叶对生，卵形或卵状披针形，基部微心形，抱茎，顶端急尖，无毛。花两性，花序伞房状；花梗短；花萼管状棒形，具10纵脉，顶端具5齿，基部脐形；花瓣5，粉红色或淡紫色，瓣片倒卵状楔形，顶端微缺；爪无耳；副花冠2，线形；雄蕊10；花柱3。蒴果长椭圆形，顶端6齿裂。种子肾形，具瘤状突起。

分布与生境　河西走廊地区常见栽培花卉，在敦煌石窟群周边均有人工种植。

资源价值　园林观赏花卉。根可入药，具清热凉血之功效。

麦瓶草 *Silene conoidea*

石竹科 Caryophyllaceae
蝇子草属 *Silene*

形态特征　一年生草本，全株有腺毛。主根细长，有细支根。茎直立，单生，叉状分枝。基生叶匙形，茎生叶矩圆形或披针形，有腺毛。聚伞花序顶生，有少数花；萼筒在开花时呈筒状，在果时下部膨大，而呈卵形，有30条显著的脉，裂片钻状披针形；花瓣5，倒卵形，粉红色，喉部有2鳞片；雄蕊10；花柱3。果卵形，有光泽，有宿存萼，中部以上变细。

分布与生境　引种伴生杂草，仅在莫高窟周边有分布。生于麦田、荒地和草坡上。

资源价值　嫩枝和叶可食用。全草入药；味甘、微苦，性凉；归心经、肝经；可养阴、清热、止血调经。

拟漆姑 *Spergularia marina*

形态特征　一年生草本，具纤细或稍肉质根。茎密被短柔毛。叶很少束状，肉质，先端短尖；托叶宽三角形，形成一个鞘。花顶生或腋生；苞片退化；萼片卵形，外面被腺状短柔毛，边缘膜质；花瓣上面粉红色，近基部白色，很少完全白色，卵状长圆形或椭圆形卵形，短于萼片，先端钝；雄蕊2～5。蒴果卵球形，通常超过花萼。种子浅褐色，表面平滑或具浓密的瘤，多数无翅，有时具啮蚀状的翅。

分布与生境　河西走廊地区常见水边杂草，在敦煌石窟群周边均有分布。生于轻度盐地、盐化草甸，以及河边、湖畔、水边等湿润处。

资源价值　幼苗可食用，亦可入药；味苦、辛，性凉；归肝经、胃经；可凉血解毒、杀虫止痒。

麦蓝菜 *Vaccaria hispanica*

形态特征　一年生或二年生草本。全株无毛，微被白粉，呈灰绿色。茎单生，直立，上部分枝。叶片卵状披针形或披针形，基部圆形或近心形，微抱茎，顶端急尖，具3基出脉。伞房花序稀疏；苞片披针形，着生花梗中上部；花萼卵状圆锥形，后期微膨大呈球形，棱绿色，棱间绿白色，近膜质，萼齿小，三角形，顶端急尖，边缘膜质；雌雄蕊柄极短；花瓣淡红色，爪狭楔形，淡绿色，瓣片狭倒卵形，斜展或平展，微凹缺，有时具不明显的缺刻；雄蕊内藏；花柱线形，微外露。蒴果宽卵形或近圆球形。种子近圆球形，红褐色至黑色。

分布与生境　河西走廊地区园林栽培花卉，在莫高窟周边有人工种植。

资源价值　以成熟种子入药；味苦，性平；归肝经、胃经；可活血通经、下乳消肿。

沙蓬 *Agriophyllum squarrosum*

苋科 Amaranthaceae
沙蓬属 *Agriophyllum*

形态特征　一年生草本。茎直立，基部分枝。叶椭圆形或线状披针形先端渐尖，具针刺状小尖头，基部渐窄，具3~9弧形纵脉；无柄。穗状花序遍生叶腋，圆卵形或椭圆形；苞片宽卵形，先端渐尖，具小尖头，下面密被毛；花被片1~3，膜质；雄蕊2~3。胞果圆卵形或椭圆形，果皮膜质，有毛，上部边缘具窄翅，2深裂，裂齿稍外弯，外侧各具1小齿突。种子黄褐色，无毛。

分布与生境　河西走廊地区常见荒漠植物，敦煌石窟群周边均有分布。生于河边沙地、沙丘及沙砾质戈壁。

资源价值　种子可食用，亦可入药；味甘，性凉；可发表解热。

千穗谷☆ *Amaranthus hypochondriacus*

苋科 Amaranthaceae
苋属 *Amaranthus*

形态特征 一年生草本。茎绿色或紫红色，分枝无毛或上部微有柔毛。叶片菱状卵形或矩圆状披针形，全缘或波状缘，无毛；叶柄长1～7.5 cm。圆锥花序顶生，直立，圆柱状，由多数穗状花序形成，花簇在花序上排列极密；苞片及小苞片卵状钻形，绿色或紫红色；花被片矩圆形，顶端急尖或渐尖，绿色或紫红色，有1深色中脉，成长凸尖；柱头2～3。胞果近菱状卵形，环状横裂，绿色，上部带紫色，超出宿存花被。种子近球形白色，边缘锐。

分布与生境 河西走廊地区常见栽培花卉，在莫高窟和西千佛洞周边有人工种植。

资源价值 园林观赏花卉和优质牧草，嫩枝和叶可食用。

反枝苋 *Amaranthus retroflexus*

苋科 Amaranthaceae
苋属 *Amaranthus*

形态特征　一年生草本。茎直立。叶菱状卵形或椭圆状卵形，两面及边缘有柔毛。圆锥花序顶生及腋生，直立，由多数穗状花序形成；苞片及小苞片钻形，白色，背面有一龙骨状突起；花被片5；柱头3，有时2。胞果扁卵形，包裹在宿存花被片内。种子近球形。

分布与生境　河西走廊地区常见田间杂草，在敦煌石窟群周边均有分布。生于路边、农田及荒地。

资源价值　全草药用；味甘，性微寒；归大肠经、小肠经；可清热解毒、利尿。

皱果苋 *Amaranthus viridis*

形态特征　一年生草本，全株无毛。茎直立，少分枝。叶卵形至卵状矩圆形，顶端微缺，稀圆钝，具小芒尖，基部近截形。花单性或杂性，成腋生穗状花序，或再集成大型顶生圆锥花序；苞片和小苞片干膜质，披针形，小；花被片3，膜质，矩圆形或倒披针形；雄蕊3。胞果扁球形，不裂，极皱缩，超出宿存花被片。

分布与生境　河西走廊地区常见田间杂草，在莫高窟和西千佛洞周边有分布。生于杂草地上或田野间。

资源价值　嫩茎叶可做野菜食用，亦可做饲料。全草入药；味甘、淡，性凉；可清热、解毒。

短叶假木贼 *Anabasis brevifolia*

苋科 Amaranthaceae
假木贼属 *Anabasis*

形态特征　半灌木。根粗壮，黑褐色。木质茎，分枝灰褐色，小枝灰白色，当年枝黄绿色。叶条形，半圆柱状，贴伏于枝。花单生叶腋；小苞片卵形，腹面凹，边缘膜质；花被片卵形，先端稍钝，果时背面具翅；翅膜质，杏黄色或紫红色，直立或稍开展；花盘裂片半圆形，稍肥厚，带橙黄色；花药先端急尖；子房表面通常有乳头状小突起，柱头黑褐色。胞果卵形至宽卵形，黄褐色。种子暗褐色，近圆形。

分布与生境　河西走廊地区常见荒漠植物，在五个庙石窟周边有分布。生于戈壁、冲积扇或干旱山坡。

资源价值　适口性良好，为大型牲畜的优良牧草。

四翅滨藜 *Atriplex canescens*

苋科 Amaranthaceae
滨藜属 *Atriplex*

形态特征　常绿灌木。枝条密集，树干灰黄色，嫩枝灰绿色。叶互生，条形和披针形，全缘；叶正面绿色，稍有白色粉粒，背面灰绿色，粉粒较多。无明显主茎，分枝较多，当年生嫩枝绿色或绿红色，木质化枝白色或灰白色，表面有裂纹。花单性或两性，雌雄同株或异株。胞果有不规则的果翅2～4，果翅为膜质。种子卵形。

分布与生境　引种植物，仅在莫高窟周边有少量人工种植。

资源价值　优良饲用植物，亦是荒漠地带盐地改良和水土保持的先锋树种。

野滨藜 *Atriplex fera*

形态特征　一年生草本。茎直立或外倾，四棱形或下部近圆柱形，有条棱及条纹，稍有粉；分枝细瘦，斜升。叶互生，叶片卵状矩圆形至卵状披针形，全缘，较少在中部以下有波状钝锯齿，两面有粉，均为灰绿色，先端钝或短渐尖，基部宽楔形至楔形；叶柄长6~12 mm。团伞花序腋生；花单性；雄花花被4裂，雄蕊4，早落；雌花包在特化成蝌蚪状的苞片内，无花被，果时苞外两面各具1~2个棘状突起。

分布与生境　河西走廊地区常见杂草，敦煌石窟群周边均有分布。生于湖边、河滩、渠沿、路边等含盐碱的地方。

资源价值　盐碱地优良牧草。地上部分入药；味甘、酸，性平；可利水涩肠。

雾冰藜 *Bassia dasyphylla*

形态特征　一年生草本。茎直立，基部分枝，形成球形植物体，密被伸展长柔毛。叶圆柱状，稍肉质，有毛。花1（2），腋生，花下具念珠状毛束；花被果时顶基扁，花被片附属物钻状，先端直伸，呈五角星状；雄蕊5，花丝丝状，外伸；子房卵形，柱头2，丝状，花柱很短。胞果卵圆形，褐色。种子近圆形，光滑，外胚乳粉质。

分布与生境　河西走廊地区主要荒漠植物之一，敦煌石窟群周边均有分布。生于沙丘、戈壁及盐碱地。

资源价值　全草入药；味甘、淡，性微寒；可清热祛湿。

鸡冠花 ☆ *Celosia cristata*

形态特征　一年生草本，全株无毛。茎直立，粗壮。叶卵形、卵状披针形或披针形，顶端渐尖，基部渐狭，全缘。花序顶生，扁平鸡冠状，中部以下多花；苞片、小苞片和花被片紫色、黄色或淡红色，干膜质，宿存；雄蕊花丝下部合生成杯状。胞果卵形，长3 mm，盖裂，包裹在宿存花被内。

分布与生境　河西走廊地区常见栽培花卉，在莫高窟和榆林窟周边有人工种植。

资源价值　园林栽培观赏花卉。花序入药；味甘，性凉，无毒；归肝经、肾经；可凉血、止血。

灰绿藜 *Chenopodium glaucum*

形态特征　一年生小草本。茎自基部分枝，分枝平卧或上升，有绿色或紫红色条纹。叶矩圆状卵形至披针形，先端急尖或钝，基部渐狭，边缘有波状齿，上面深绿色，下面灰白色或淡紫色，密生粉粒。花序穗状或复穗状，顶生或腋生；花两性和雌性；花被片3或4，肥厚，基部合生；雄蕊1～2。胞果伸出花被外，果皮薄，黄白色。种子横生，赤黑色或暗黑色。

分布与生境　河西走廊地区常见田间杂草，敦煌石窟群周边均有分布。生于农田、路旁、荒地和水边。

资源价值　幼嫩植株可食用，亦可做饲料。嫩草入药；味甘，性平，微毒；可清热、利湿、杀虫。

杂配藜 *Chenopodium hybridum*

形态特征　一年生草本。茎直立，粗壮，基部通常不分枝，无毛，有条棱；枝条细长，斜伸。叶大型；叶片宽卵形或卵状三角形，先端急尖或渐尖，基部略呈心形或近圆形，边缘有不整齐的裂片。花序圆锥状，顶生或腋生；花两性兼有雌性；花被片5，卵形，先端圆钝，基部合生，边缘膜质，背部具纵隆脊；雄蕊5；柱头2，细小。胞果双凸镜形，果皮膜质。种子横生，黑色，无光泽，表面具明显的深洼点。

分布与生境　河西走廊地区常见田间杂草，敦煌石窟群周边均有分布。生于路旁、田边和荒地。

资源价值　全草可入药；味甘，性平；可止血、活血。

毛果绳虫实 *Corispermum tylocarpum*

形态特征　一年生草本。叶条形，先端渐尖并锐尖，基部渐狭，有1脉，叶向上逐渐过渡成苞片。穗状花序顶生和腋生，伸长，有极稀疏的花；苞片较狭，条状披针形至狭卵形，下部苞片较果稍狭，其他苞片均较果宽，比果长；花被片1（～3）；雄蕊1（～3）。果实被星状毛，胞果直立，侧扁，倒卵状矩圆形，先端急尖，稀近圆形，背面凸起，其中央扁平，腹面扁平或稍凹入，无毛，翅极狭；果喙明显，喙尖2，直立。

分布与生境　河西走廊地区常见荒漠植物，在敦煌石窟群周边均有分布。生于沙质荒地、田边、路旁和河滩中。

资源价值　全草入药；味淡、微苦，性凉；可清湿热、利小便。

菊叶香藜 *Dysphania schraderiana*

苋科 Amaranthaceae
腺毛藜属 *Dysphania*

形态特征　一年生草本，有强烈气味，全株有具节的疏生短柔毛。茎直立，具绿色色条，通常有分枝。叶片矩圆形，边缘羽状浅裂至羽状深裂，上面无毛或幼嫩时稍有毛，下面有具节的短柔毛并兼有黄色无柄的颗粒状腺体，很少近于无毛。复二歧聚伞花序，腋生；花两性，花被直径1~1.5 mm，5深裂；裂片卵形至狭卵形，有狭膜质边缘，背面通常有具刺状突起的纵隆脊并有短柔毛和颗粒状腺体，果时开展；雄蕊5，花丝扁平，花药近球形。胞果扁球形，果皮膜质。

分布与生境　外来植物，为部分栽培花卉伴生杂草，仅在莫高窟周边有分布。

千日红 [☆] *Gomphrena globosa*

苋科 Amaranthaceae
千日红属 *Gomphrena*

形态特征　一年生草本。茎具分枝，有灰色长毛。叶纸质，长椭圆形或矩圆状倒卵形，两面皆有白色长柔毛，边有睫毛。头状花序顶生，1个或2~3个，基部有2叶状总苞；每花有1干膜质的卵形苞片；小苞片2，三角状披针形，背棱有显明细锯齿，紫红色；花被片披针形，外面密生白色绵毛；花丝合生成管状，顶端5裂。胞果近球形。

分布与生境　河西走廊地区常见栽培花卉，在莫高窟周边有人工种植。

资源价值　园林栽培观赏花卉。花序入药；味甘，性平；可止咳平喘、平肝明目。

蛛丝蓬 *Halogeton arachnoideus*

形态特征　一年生草本。茎直立，自基部分枝。枝互生，灰白色，幼时生蛛丝状毛，以后毛脱落。叶片圆柱形，顶端钝，有时有小短尖。花通常2～3，簇生叶腋；小苞片卵形，边缘膜质；花被片宽披针形，膜质，背面有1粗壮的脉，果时自背面的近顶部生翅；翅5，半圆形，大小近相等，膜质透明，有多数明显的脉；雄蕊5，花丝狭条形，花药矩圆形，顶端无附属物；子房卵形，柱头2，丝状。果实为胞果，果皮膜质。种子横生，圆形。

分布与生境　河西走廊地区常见荒漠植物之一，敦煌石窟群周边均有分布。生于路边、平沙地及有季节性洪水区域。

资源价值　饲用植物和土壤改良植物。植株地上部分用火烧成灰后，可以取碱，用作食物添加剂。

盐生草 *Halogeton glomeratus*

苋科 Amaranthaceae
盐生草属 *Halogeton*

形态特征　一年生草本。茎直立，多分枝。枝互生，基部的枝近于对生，无毛，无乳头状小突起，灰绿色。叶互生，叶片圆柱形，顶端有长刺毛，有时长刺毛脱落。花腋生，通常4～6花聚集成团伞花序，遍布于植株；花被片披针形，膜质，背面有1粗脉，果时自背面近顶部生翅；翅半圆形，膜质，大小近相等，有多数明显的脉，有时翅不发育而花被增厚成革质；雄蕊通常为2。种子直立，圆形。

分布与生境　河西走廊地区常见荒漠植物，敦煌石窟群周边均有分布。生于山脚、戈壁滩及平沙地。

资源价值　西北荒漠草原几种重要的牧草之一，具有较高的饲用价值。地上部分入药，具发汗解表、止咳平喘、祛湿等功效。

盐穗木 *Halostachys caspica*

苋科 Amaranthaceae
盐穗木属 *Halostachys*

形态特征　灌木。茎直立，多分枝；老枝通常无叶，小枝肉质，蓝绿色，有关节，密生小突起。叶鳞片状，对生，顶端尖，基部连合。花序穗状，交互对生，圆柱形，花序柄有关节；花被倒卵形，顶部3浅裂，裂片内折；子房卵形；柱头2，钻状，有小突起。胞果卵形，果皮膜质。种子卵形或矩圆状卵形，红褐色，近平滑。

分布与生境　河西走廊地区盐碱地常见植物，在榆林窟和五个庙石窟周边有分布。生于盐碱滩、河谷、盐湖边。

资源价值　西北荒漠草场中一种较为良好的饲用牧草，是防沙固沙、绿化造林、水土保持的优良灌木。

梭梭 *Haloxylon ammodendron*

苋科 Amaranthaceae
梭梭属 *Haloxylon*

形态特征　灌木或小乔木。老枝灰褐色，有环状裂缝；当年生枝细长，绿色，有关节。叶对生，退化成鳞片状宽三角形，先端钝；腋间有绵毛。花两性，单生于叶腋；小苞片宽卵形，边缘膜质；花被片5，矩圆形，果期自背部生横生的翅；翅半圆形，膜质，有黑褐色纵脉纹，全缘或略有缺刻，基部显著心形，花被片翅以上的部分稍内曲。胞果半圆球形，顶部稍凹；果皮黄褐色，肉质；种子横生，胚螺旋状，暗绿色。

分布与生境　河西走廊地区主要荒漠树种，敦煌石窟群周边均有分布，在莫高窟有大面积人工种植。

资源价值　优良的防风固沙植物和薪炭植物。根部寄生珍稀名贵中药材肉苁蓉，具有较高的经济价值。树枝可入药。

盐爪爪 *Kalidium foliatum*

形态特征　小灌木。茎直立或平卧，多分枝；枝灰褐色，小枝上部近于草质，黄绿色。叶片圆柱状，伸展或稍弯，灰绿色，顶端钝，基部下延，半抱茎。花序穗状，无柄，每3花生于1鳞状苞片内；花被合生，上部扁平呈盾状，盾片宽五角形，周围有狭窄的翅状边缘；雄蕊2。种子直立，近圆形，密生乳头状小突起。

分布与生境　河西走廊地区主要盐碱湿地植物，在敦煌西千佛洞、榆林窟周边有分布。生于湖泊、河流周边的盐碱滩。

资源价值　西北地区盐碱湿地重要牧草。种子磨成粉，人可食用，亦可用于饲喂牲畜。

地肤 *Kochia scoparia*

苋科 Amaranthaceae
地肤属 *Kochia*

形态特征 一年生草本。茎直立，多分枝，分枝斜上，淡绿色或浅红色，生短柔毛。叶互生，披针形或条状披针形，两面生短柔毛。花两性或雌性，通常单生或2花生于叶腋，集成稀疏的穗状花序；花被片5，基部合生，果期自背部生三角状横突起或翅；雄蕊5；花柱极短，柱头2，线形。胞果扁球形，包于花被内。种子横生，扁平。

分布与生境 河西走廊地区常见杂草，在敦煌石窟群周边均有分布。生于田边、沟渠、路旁及荒地。

资源价值 果实入药；味辛、苦，性寒；归肾经、膀胱经；可清热利湿、祛风止痒。

碱地肤 *Kochia scoparia var. sieversiana*

苋科 Amaranthaceae
地肤属 *Kochia*

形态特征　一年生草本。茎直立，自基部分枝，枝斜升，黄绿色或稍带浅红色，枝上端密被白色柔毛，中部、下部无毛，秋后植株全部变为红色。叶互生，倒披针形、披针形或条状披针形，先端尖或稍钝，全缘，两面有毛或无毛；无柄。花两性或雌性，通常1~2花集生于叶腋的束状密毛丛中，多数花于枝上端排列成穗状花序；花被片5，果期花被片背部横生出5圆形或椭圆形的短翅，翅具明显脉纹，顶端边缘具钝圆齿。胞果扁球形，包于花被内。

分布与生境　河西走廊地区常见田间杂草，在窟莫高窟和西千佛洞周边有分布。生于田边、路旁、荒地等。

资源价值　中等饲用植物。果实及全草入药，有清热、祛风、利尿、止痒的功效。

扫帚菜 *Kochia scoparia* f. *trichophylla*

苋科 Amaranthaceae
地肤属 *Kochia*

形态特征　一年生草本。茎直立，多分枝，整个植株外形卵球形。叶披针形，具3主脉，茎部叶小，具1脉。花常1～3簇生于叶腋，构成穗状圆锥花序；花被近球形，淡绿色，裂片三角形。胞果扁球形，果皮膜质，与种子离生。种子黑色，具光泽。

分布与生境　河西走廊地区常见栽培植物，敦煌石窟群周边均有人工种植。

资源价值　嫩茎、叶可食用，亦可入药；味苦，性寒；有清热解毒、利尿通淋的功效。

木本猪毛菜 *Salsola arbuscula*

形态特征　小灌木。多分枝，老枝灰褐色，粗糙，有纵裂纹；幼枝苍白色，有光泽。叶互生，狭条形或半圆柱形，肉质，灰绿色或绿色。花序穗状，生于枝条上部，苞片条形；小苞片长卵形，长于花被；花被片5，矩圆形，果期自背侧中下部生翅；翅膜质，黄褐色；花被片翅以上部分向外反折，呈莲座状；花药顶部有附属物，附属物狭披针形；柱头钻形。胞果倒圆锥形，果皮膜质，黄褐色。种子横生。

分布与生境　河西走廊地区常见荒漠植物，在莫高窟周边有分布。生于三危山山麓、砾质荒漠或戈壁滩上。

资源价值　嫩枝和叶可入药；味淡，性凉；归肝经；可平肝、镇静、降压。

猪毛菜 *Salsola collina*

形态特征　一年生草本。枝淡绿色，生稀疏的短糙硬毛或无毛。叶丝状圆柱形，肉质，生短糙硬毛，先端有硬针刺。花序穗状，生枝条上部；苞片宽卵形，先端有硬针刺；小苞片2，狭披针形，比花被长；花被片5，膜质，披针形，果期背部生短翅或革质突起；花药矩圆形，顶部无附属物；柱头丝形。胞果倒卵形，果皮膜质。种子横生或斜生，顶端平，胚螺旋状，无胚乳。

分布与生境　河西走廊地区常见田间杂草，在敦煌石窟群周边均有分布。生于戈壁、平沙地、田边及荒地。

资源价值　幼苗及嫩茎叶可食用。全草入药；味淡，性凉；归肝经；可平肝潜阳、润肠通便。

珍珠猪毛菜 *Salsola passerina*

形态特征　半灌木。茎粗壮，多分枝。叶锥形或三角形，肉质，密生鳞片状丁字形毛。花序穗状，着生于枝条上部；苞片卵形或锥形，肉质，有毛；小苞片宽卵形，长于花被；花被片5，长卵圆形，生丁字形毛，果期自背侧中部生翅；翅薄膜质，黄褐色或淡紫红色；花被片翅以上部分聚集成近直立的圆锥状；花药自基部分离至近顶部，顶端有附属物；柱头锥形。胞果倒卵形；种子圆形，横生或直立，胚螺旋状。

分布与生境　河西走廊地区常见荒漠植物，敦煌石窟群周边均有分布。生长于山坡或砾质戈壁。

资源价值　西北地区荒漠草原家畜冬春的饲用植物，亦可用于园林绿化、花坛布置等。

刺沙蓬 *Salsola tragus*

苋科 Amaranthaceae
猪毛菜属 *Salsola*

形态特征　一年生草本。小枝硬，平散，绿色，通常有白绿色条纹，无毛或有极短的乳头状刚毛。叶互生，丝状圆柱形，肉质，近基部处扩大，先端刺状锐尖，绿色；无柄。花两性，腋生，通常在各枝上端形成穗状花序；苞片2，锥形或卵形，先端具细尖；花被片5，锥形或尖卵形，直立，覆瓦状排列；雄蕊5；柱头长丝状，二歧。

果实球形，粉红色，顶端截形，包于带翅的花被片内。

分布与生境　河西走廊地区主要荒漠草本之一，在敦煌石窟群周边均有分布。生于河谷、沙地及砾质戈壁。

资源价值　全草入药；味苦，性凉；归肝经；可平肝降压。

碱蓬 *Suaeda glauca*

苋科 Amaranthaceae
碱蓬属 *Suaeda*

形态特征　一年生草本。茎直立，浅绿色，有条纹，上部多分枝；枝细长，斜伸或开展。茎上部的叶渐变短；叶丝状条形，半圆柱形或略扁平，灰绿色，有粉粒或无粉粒；无柄。花两性，单生或通常2～5花，有短柄，排列成聚伞花序；小苞片短于花被；花被片5，矩圆形，果期花被增厚呈五角星状；雄蕊5；柱头2。胞果扁平。种子近圆形，横生或直立，有颗粒状点纹，直径约2 mm，黑色，胚乳少。

分布与生境　河西走廊地区常见田间杂草，在莫高窟周边有分布。生于渠岸、洼地、荒野等盐碱地。

资源价值　优质饲用植物，嫩苗可食用。全草入药；味微咸，性凉，归肾经；可清热、消积。

盐地碱蓬 *Suaeda salsa*

形态特征　一年生草本，绿色或紫红色。茎直立，圆柱状，具微条棱，上部多分枝。叶条形，半圆柱状，先端尖或微钝；无柄。花两性，有时兼有雌性；常3~5花团集，腋生，在分枝上组成有间断的穗状花序；花被半球形，底面平，5深裂，裂片卵形，稍肉质，先端钝，背面果时增厚，有时基部向外延伸成三角形或窄翅突；花药卵形或长圆形；柱头2，花柱不明显。胞果熟时果皮常破裂。种子横生，双凸镜形或歪卵形，黑色，有光泽，具不清晰网点纹饰。

分布与生境　河西走廊地区湿地常见植物，在敦煌石窟群周边均有分布。生于河流两侧盐碱土、湖边及盐碱湿地。

资源价值　优质的蔬菜和油料作物，籽可榨油食用。盐碱地种植有利于自然生态环境的恢复。

合头草 *Sympegma regelii*

形态特征　小灌木。老枝多分枝，灰褐色，通常有条状裂纹；当年生枝灰绿色。叶互生，圆柱形，先端略尖，基部缢缩，易断落，灰绿色，肉质。花两性，常3～4花集聚成顶生或腋生的小头状花序；花被片5，草质，边缘膜质，果期变坚硬且自近顶端生横翅；翅膜质，宽卵形至近圆形，大小不等，黄褐色；雄蕊5，花药矩圆状卵形，顶端有点状附属物；柱头2。胞果扁圆形，果皮淡黄色。种子直立。

分布与生境　河西走廊地区常见荒漠植物，在敦煌石窟群周边均有分布。生于轻盐碱化的荒漠、干山坡、冲积扇、沟沿等。

资源价值　优良的固沙植物，荒漠、半荒漠草原地区的优良牧草。

紫茉莉 ☆ *Mirabilis jalapa*

紫茉莉科 Nyctaginaceae
紫茉莉属 *Mirabilis*

形态特征　一年生草本。茎直立，圆柱形，多分枝，无毛或疏生细柔毛，节稍膨大。叶片卵形或卵状三角形，全缘，两面均无毛。花常数朵簇生枝端；总苞钟形，裂片三角状卵形；花被紫红色、黄色、白色或杂色，高脚碟状，5浅裂。瘦果球形，革质，黑色，表面具皱纹。

分布与生境　河西走廊地区园林栽培花卉，在莫高窟、西千佛洞和榆林窟周边均有人工种植。

资源价值　园林观赏花卉。根、叶可供药用，有清热解毒、活血调经和滋补的功效。

大花马齿苋[☆] *Portulaca grandiflora*

马齿苋科 Portulacaceae
马齿苋属 *Portulaca*

形态特征 一年生草本。茎平卧或斜升，紫红色，多分枝，节上丛生毛。叶密集枝端，较下的叶分开，不规则互生，叶片细圆柱形，有时微弯，顶端圆钝，无毛；叶柄极短或近无柄；叶腋常生一撮白色长柔毛。花单生或数朵簇生枝端，日开夜闭；萼片2，淡黄绿色，卵状三角形；花瓣5或重瓣，倒卵形，顶端微凹，红色、紫色或黄白色；雄蕊多数，花丝紫色，基部合生；花柱与雄蕊近等长。蒴果近椭圆形，盖裂。种子细小，多数，圆肾形。

分布与生境 河西走廊地区园林栽培花卉，敦煌石窟群周边均有人工种植。

资源价值 园林观赏花卉。地上部分入药；味淡、微苦，性寒；可清热解毒、散瘀止血。

马齿苋 *Portulaca oleracea*

形态特征　一年生草本，全株无毛。茎平卧或斜倚，铺散，多分枝，圆柱形，淡绿或带暗红色。叶互生或近对生，扁平肥厚，倒卵形，先端钝圆或平截，有时微凹，基部楔形，全缘，上面暗绿色，下面淡绿或带暗红色，中脉微隆起；叶柄粗短。花无梗，常3～5花簇生枝顶，午时盛开；叶状膜质苞片2～6，近轮生；萼片2，对生，绿色，盔形，背部龙骨状突起，基部连合；花瓣5，黄色，基部连合；雄蕊8或更多，花药黄色；子房无毛，花柱较雄蕊稍长。蒴果。种子黑褐色，具小疣。

分布与生境　河西走廊地区常见田间杂草，敦煌石窟群周边均有分布。生于农田、荒地及路旁。

资源价值　地上部分可食用。全草入药；味酸，性寒；可清热利湿、凉血解毒。

红瑞木 ☆ *Cornus alba*

形态特征　灌木，树皮紫红色。叶对生，纸质，椭圆形，先端突尖，基部楔形或阔楔形，边缘全缘或波状反卷，上面暗绿色，下面粉绿色，被白色贴生短柔毛。伞房状聚伞花序顶生，较密，被白色短柔毛；花小，白色或淡黄白色；花萼裂片4，尖三角形，花瓣4，卵状椭圆形，先端急尖或短渐尖，上面无毛，下面疏生贴生短柔毛；雄蕊4，花丝线形；核果长圆形，微扁，成熟时乳白色或蓝白色，花柱宿存。果梗细圆柱形，有疏生短柔毛。

分布与生境　河西走廊地区常见园林绿化树种，莫高窟周边有人工种植。

资源价值　地上部分入药；味苦、微涩，性寒；可清热解毒、止痢、止血。

凤仙花 *Impatiens balsamina*

凤仙花科 Balsaminaceae
凤仙花属 *Impatiens*

形态特征　一年生草本。茎肉质，直立，粗壮。叶互生，披针形，先端长渐尖，基部渐狭，边缘有锐锯齿，侧脉5～9对；叶柄两侧有数个腺体。花梗短，单生或数花簇生叶腋，密生短柔毛；花大，通常粉红色或杂色，单瓣或重瓣；萼片2，宽卵形，有疏短柔毛；旗瓣圆，先端凹，有小尖头，背面中肋有龙骨突；翼瓣宽大，有短柄，2裂，基部裂片近圆形，上部裂片宽斧形，先端2浅裂；唇瓣舟形，生疏短柔毛，基部突然延长成细而内弯的距；花药钝。蒴果纺锤形，密生绒毛。种子多数，球形，黑色。

分布与生境　河西走廊地区常见观赏花卉，莫高窟、西千佛洞、榆林窟周边有人工种植。

资源价值　园林观赏花卉。全草入药；味甘，性温，有小毒；可活血通经、祛风止痛。

海乳草 *Glaux maritima*

形态特征　多年生小草本。根状茎横走，节部被对生的卵状膜质鳞片。茎直立或斜生，通常单一或下部分枝，无毛。叶密集，肉质，交互对生、近对生或互生，叶片线形、长圆状披针形至卵状披针形；近无柄或有短柄。花小，腋生；花萼广钟形，花冠状，粉白色至蔷薇色，5中裂，裂片长圆状卵形至卵形，全缘；无花冠；雄蕊5，花丝基部扁宽，花药心形，背部着生。蒴果卵状球形，顶端瓣裂。种子6~8，棕褐色，近椭圆形。

分布与生境　河西走廊地区主要湿地植物，敦煌石窟群周边均有分布。生于潮湿草地、河边及渠沿。

资源价值　高寒草甸、沼泽草甸矮生草场主要牧草，为中等饲用植物。

狼尾花 *Lysimachia barystachys*

报春花科 Primulaceae
珍珠菜属 *Lysimachia*

形态特征　多年生草本，有根状地下茎，全株密被柔毛。茎直立。叶互生或近对生，矩圆状披针形或倒披针形，顶端钝或锐尖，基部渐狭；近于无柄。总状花序顶生，花密集，常转向一侧，后渐伸长，结果时长可达30 cm；花萼裂片长卵形，边缘膜质；花冠白色，裂片狭矩圆形，长为花萼的3～4倍；雄蕊长为花冠的一半，花丝有微毛。蒴果球形。

分布与生境　外来物种，仅在莫高窟周边有分布，为栽培花卉伴生杂草。

资源价值　全草入药；味苦、辛，性平；归肝经、肾经；可活血利水、解毒消肿。

蓬子菜 *Galium verum*

茜草科 Rubiaceae
拉拉藤属 *Galium*

形态特征　多年生草本，基部稍木质。枝有4棱，被短柔毛。叶6~10，轮生，条形，顶端急尖，边缘反卷，上面稍有光泽，仅下面沿中脉两侧被柔毛，干时常变黑色；无柄。聚伞花序顶生和腋生，通常在茎顶结成带叶的圆锥花序状，稍紧密；花小，黄色，有短梗；花萼小，无毛；花冠辐状，裂片卵形。果小，果爿双生，近球状，无毛。

分布与生境　仅在五个庙石窟周边有分布。生于山地、河滩、旷野、沟边、草地、灌丛。

资源价值　全草入药；可清热解毒、行血、止痒、利湿。

罗布麻 *Apocynum venetum*

夹竹桃科 Apocynaceae
罗布麻属 *Apocynum*

形态特征　直立半灌木，具乳汁。枝条通常对生，无毛，紫红色或淡红色。叶对生，在分枝处为近对生；叶片椭圆状披针形至卵圆状矩圆形，两面无毛，叶缘具细齿。花萼5深裂；花冠紫红色或粉红色，圆筒形钟状，两面具颗粒突起；雄蕊5；子房由2离生心皮组成。蓇葖果叉生，下垂，箸状圆筒形。种子细小，顶端具一簇白色种毛。

分布与生境　仅在莫高窟、西千佛洞和五个庙石窟周边有零星分布。生于盐碱荒地和沙漠边缘，以及河流两岸、冲积平原及戈壁荒滩上。

资源价值　良好的蜜源和纤维植物。全草入药；味淡、涩，性凉，有小毒；可清火、降压、强心、利尿。

长春花 *Catharanthus roseus*

形态特征　半灌木。茎近方形，有条纹，灰绿色。叶膜质，倒卵状长圆形，先端浑圆，有短尖头，基部广楔形至楔形，渐狭而成叶柄。花2～3；花萼5深裂，萼片披针形或钻状渐尖；花冠筒圆筒状，内面具疏柔毛，喉部紧缩，具刚毛，花冠裂片宽倒卵形；雄蕊着生于花冠筒的上半部，但花药隐藏于花喉之内，与柱头离生。蓇葖果双生，直立，平行或略叉开；外果皮厚纸质，有条纹，被柔毛。种子黑色，长圆状圆筒形，两端截形，具有颗粒状小瘤。

分布与生境　河西走廊地区常见园林观赏花卉，莫高窟周边有人工种植。

资源价值　全草入药；可止痛、消炎、安眠、通便及利尿等。

戟叶鹅绒藤 *Cynanchum acutum* subsp. *sibiricum*

夹竹桃科 Apocynaceae
鹅绒藤属 *Cynanchum*

形态特征　多年生藤本，全株含白色乳汁。叶对生，长戟形或戟状心形。伞房状聚伞花序腋生；花萼外面被柔毛，内部腺体极小；花冠外面白色，内面紫色，裂片矩圆形；副花冠双轮，外轮筒状，顶端有5条不同长短的丝状舌片，内轮5条较短。蓇葖果单生，长角状，熟后纵裂。种子长圆形，棕色，顶端有白色绢质种毛。

分布与生境　河西走廊地区常见田间杂草，敦煌石窟群周边均有分布。生于路边宅旁、河谷灌木丛、轻盐碱地与沙地边缘。

资源价值　茎部白色乳汁和根药用；味苦，性寒；具有清热解毒、消积健胃、利水消肿、祛风等作用。

杠柳 *Periploca sepium*

夹竹桃科 Apocynaceae
杠柳属 *Periploca*

形态特征 蔓性灌木，具乳汁，除花外全株无毛。叶对生，膜质，卵状矩圆形，顶端渐尖，基部楔形；侧脉多数。聚伞花序腋生，有数花；花冠紫红色，花冠裂片5，中间加厚，反折，内面被疏柔毛；副花冠环状，顶端5裂，裂片丝状伸长，被柔毛；花粉颗粒状，藏在直立匙形的载粉器内。蓇葖果双生，圆柱状。种子长圆形，顶端具白绢质种毛。

分布与生境 外来植物，仅莫高窟周边有分布。

资源价值 良好的固沙植物。全株入药；味苦、辛，性温，有毒；可祛风除湿、通经活络。

大叶白麻 *Poacynum hendersonii*

形态特征　半灌木。幼枝被短柔毛，后渐无毛。叶常互生，长圆形或卵形，两面被颗粒状突起，密生细齿。花萼裂片卵形或三角形；花冠粉红色或紫红色，花冠筒盆状，花冠裂片宽三角形；副花冠着生花冠筒基部，裂片宽三角形，先端长渐尖。蓇葖果下垂，长10～30 cm，直径3～4 mm。

种子窄卵圆形，有白色冠毛。

分布与生境　河西走廊地区常见荒漠植物，敦煌石窟群周边均有分布。生于湿地边缘、沙漠边缘及河流两岸冲积平地上。

资源价值　优良的纤维植物和蜜源植物。全草入药；味甘、微苦，性凉；可清热平肝、利水消肿。

灰毛软紫草 *Arnebia fimbriata*

形态特征　多年生草本。茎常多条，分枝，密生灰白色长硬毛。叶狭矩圆形或狭披针形，两面密生灰白色长硬毛；无柄。花序密集，有长硬毛；苞片条形；花有2种，短柱花和长柱花；花萼裂片狭条形；花冠蓝紫色、红色或粉色，5裂，裂片边缘有不整齐小齿；雄蕊5，在短柱花生花冠筒喉部，在长柱花生筒中部之上；花柱不分裂，或稍超过花冠筒之半，或比筒长而稍伸出喉部之外，柱头近球形。小坚果卵状三角形，背部有小疣状突起。

分布与生境　在榆林窟和五个庙石窟周边有零星分布。生于戈壁、山前冲积扇及砾石山坡等处。

资源价值　根可代紫草入药；味甘、咸，性寒；归心经、肝经；可凉血、活血、解毒透疹。

黄花软紫草 *Arnebia guttata*

形态特征　二年生或多年生草本。茎分枝，有开展的硬毛。茎下部叶狭倒披针形或匙状倒披针形，较上部的条状倒披针形，两面均有硬毛。花序长约3 cm，密集；苞片条状披针形；花有2种，短柱花和长柱花；花萼近基部5裂，裂片条形；花冠黄色；雄蕊5，在短柱花生花冠筒喉部，在长柱花则生花冠筒中部之上；花柱稍超过花冠筒之半或比筒长，顶部2裂，每分枝有1球形柱头。小坚果有小疣状突起。

分布与生境　河西走廊地区常见荒漠草本，敦煌石窟群周边戈壁有分布。生于戈壁、石质山坡及季节性洪水的河道。

资源价值　根可代紫草入药；味甘、咸，性寒；归心经、肝经；可凉血、活血、解毒透疹。

狭苞斑种草 *Bothriospermum kusnezowii*

紫草科 Boraginaceae
斑种草属 *Bothriospermum*

形态特征　一年生草本。茎斜升，常自下部分枝，有开展的硬毛。叶倒披针形或匙形，基部渐狭成柄，边缘有波状小齿，两面疏生糙毛。花序狭长，有苞片；苞片条形或披针状条形；花梗长1~2.5 mm；花萼长约3 mm，裂片5，狭披针形，有糙毛；花冠紫蓝色，喉部有5附属物；雄蕊5，内藏；子房4裂，花柱内藏。小坚果4，肾形，密生小疣状突起，腹面有纵椭圆形凹陷。

分布与生境　河西走廊地区常见田间杂草，仅在莫高窟周边有零星分布。生于田边及林缘。

资源价值　全草入药；味苦，性凉；归肺经、肝经；可祛风、利水、解疮毒。

琉璃草 *Cynoglossum furcatum*

紫草科 Boraginaceae
琉璃草属 *Cynoglossum*

形态特征 直立草本。茎单一或数条丛生，密被伏黄褐色糙伏毛。基生叶及茎下部叶具柄，长圆形或长圆状披针形，先端钝，基部渐狭，上下两面密生贴伏的伏毛；茎上部叶无柄，狭小，被密伏的伏毛。花序顶生及腋生，分枝钝角叉状分开，无苞片，果期延长呈总状；花萼果期稍增大，裂片卵形或卵状长圆形，外面密伏短糙毛；花冠蓝色，漏斗状，裂片长圆形，先端圆钝，喉部有5梯形附属物，先端微凹，边缘密生白柔毛；花药长圆形，花丝基部扩张；花柱肥厚，略四棱形，较花萼稍短。小坚果卵球形，背面突，密生锚状刺，边缘无翅边或稀中部以下具翅边。

分布与生境 河西走廊地区常见观赏花卉，在莫高窟周边有人工种植。

资源价值 根叶供药用；味微苦，性寒；有清热解毒、利尿消肿、活血调经等功效。

蓝蓟 ☆ *Echium vulgare*

形态特征　二年生草本。茎有开展的长刚毛和密短伏毛，不分枝或多分枝。基生叶和茎下部叶条状倒披针形，基部渐狭成柄，两面有长糙毛；茎下部以上叶无柄，披针形。花序狭长，有密集的花；苞片狭披针形；花萼有长硬毛，5裂至基部，裂片条状披针形；花冠紫蓝色，斜漏斗状，外面有短柔毛，5不等浅裂；雄蕊5，生花冠筒下部，伸出花冠之外；子房4裂，花柱伸出，有短柔毛，顶端2裂。小坚果4，生平的花托上，卵形，有疣状突起。

分布与生境　河西走廊地区常见栽培观赏花卉，在莫高窟周边有人工种植。

资源价值　优良的草本观赏花卉，适于做花境。

狭果鹤虱 *Lappula semiglabra*

形态特征　一年生草本。茎常多分枝，有细糙毛。茎生叶近无柄，狭矩圆形或条状倒披针形，下面有短糙毛。花序狭长；苞片披针形至狭卵形；花小，有短梗；花萼长约1.2 mm，5深裂，有长糙毛；花冠淡蓝色，檐部5裂，喉部附属物5；雄蕊5，内藏；子房4裂。小坚果4，狭披针形，有小疣状突起，背面中央有数短刺，边缘有1行锚状刺，刺长达4 mm。

分布与生境　仅在五个庙石窟周边有分布。生于干旱农田、河滩、荒地、路边、山谷、山谷林缘、山坡和山坡草甸等地。

资源价值　干燥成熟果实入药；味苦、辛，性平；归脾经、胃经；可用于虫积腹痛、小儿疳积。

附地菜 *Trigonotis peduncularis*

紫草科 Boraginaceae
附地菜属 *Trigonotis*

形态特征　一年生草本。茎1至数条，直立或渐升，常分枝，有短糙伏毛。基生叶有长柄，叶片椭圆状卵形、椭圆形或匙形，两面有短糙伏毛；茎下部叶似基生叶，中部以上的叶有短柄或无柄。花序在基部有2～3苞片，有短糙伏毛；花有细梗；花萼5深裂，裂片矩圆形或披针形；花冠蓝色，喉部黄色，5裂，喉部附属物5；雄蕊5，内藏；子房4裂。小坚果4，四面体形，有稀疏的短毛或无毛，有短柄，棱尖锐。

分布与生境　仅在五个庙石窟周边有分布。生于草地、平原、田间、林缘或荒地。

资源价值　全草入药；味辛、苦，性凉；归心经、肝经、脾经、肾经；可行气止痛、解毒消肿。

旋花 *Calystegia sepium*

形态特征　多年生草本，全株光滑。茎缠绕或匍匐，有棱角，分枝。叶互生，正三角状卵形，顶端急尖，基部箭形或戟形，两侧具浅裂片或全缘。花单生叶腋，具长花梗，具棱角；苞片2，卵状心形，顶端钝尖或尖；萼片5，卵圆状披针形，顶端尖；花冠漏斗状，粉红色，5浅裂；雄蕊5，花丝基部有细鳞毛；子房2室，柱头2裂。蒴果球形。种子黑褐色，卵圆状三棱形，光滑。

分布与生境　河西走廊地区常见杂草，敦煌石窟群周边均有分布。生于路边、荒地及农田中。

资源价值　根状茎及全草入药；味甘，性寒；可降压、利尿、接骨生肌。

田旋花 *Convolvulus arvensis*

旋花科 Convolvulaceae
旋花属 *Convolvulus*

形态特征　多年生草本。根状茎横走；茎蔓性或缠绕，具棱角或条纹，上部有疏柔毛。叶互生，戟形，全缘或3裂，侧裂片展开，微尖，中裂片卵状椭圆形、狭三角形或披针状长椭圆形，微尖或近圆。花序腋生，有1~3花，花梗细弱；苞片2，线形，与萼远离；萼片5，光滑或被疏毛，卵圆形，边缘膜质；花冠漏斗状，长约2 cm，粉红色，顶端5浅裂；雄蕊5，基部具鳞毛；子房2室，柱头2裂。蒴果球形或圆锥形。

分布与生境　河西走廊地区常见杂草，敦煌石窟群周边均有分布。生于路边、荒地及农田中。

资源价值　优质牧草。以全草、花、根入药；味微咸，性温；可活血调经、止痒、止痛、祛风。

菟丝子 *Cuscuta chinensis*

旋花科 Convolvulaceae
菟丝子属 *Cuscuta*

形态特征　一年生寄生草本。茎缠绕，黄色，纤细。花序侧生，少花或多花簇生成小伞形或小团伞花序，近于无总花序梗；苞片及小苞片小，鳞片状；花梗稍粗壮；花萼杯状，中部以下连合，顶端钝；花冠白色，壶形；雄蕊着生花冠裂片弯缺微下处；鳞片长圆形，边缘长流苏状。蒴果球形，几乎全为宿存的花冠所包围，成熟时整齐周裂。

分布与生境　河西走廊地区常见寄生杂草，敦煌石窟群周边均有分布。生于田边、山坡阳处、路边灌丛，通常寄生于豆科、菊科、蒺藜科等植物上。

资源价值　全草入药；味甘，性温；归肝经、肾经、脾经；可滋补肝肾、固精缩尿、安胎、明目、止泻。

圆叶牵牛 [☆] *Ipomoea purpurea*

旋花科 Convolvulaceae
番薯属 *Ipomoea*

形态特征　一年生缠绕草本。叶片圆心形或宽卵状心形，基部圆，心形，顶端锐尖、骤尖或渐尖，两面疏或密被刚伏毛。花腋生，单一或2～5花着生于花序梗顶端成伞形聚伞花序，花序梗比叶柄短或近等长；苞片线形；萼片渐尖；花冠漏斗状，紫红色、红色或白色，花冠管通常白色；花丝基部被柔毛；子房无毛，柱头头状；花盘环状。蒴果近球形。种子卵状三棱形，黑褐色或米黄色，被极短的糠秕状毛。

分布与生境　河西走廊地区常见栽培花卉，敦煌石窟群周边有人工种植。

资源价值　园林栽培花卉。种子可入药；味苦，性寒，有毒；归肺经、肾经、大肠经；可泻水通便、消痰涤饮、杀虫攻积。

辣椒 *Capsicum annuum*

形态特征　一年生或有限多年生植物。茎近无毛或微生柔毛，分枝稍之字形折曲。叶互生，枝顶端节不伸长而成双生或簇生状，矩圆状卵形、卵形或卵状披针形，全缘，顶端短渐尖或急尖，基部狭楔形。花单生，俯垂；花萼杯状，不显著5齿；花冠白色，裂片卵形；花药灰紫色。果梗较粗壮，俯垂；果实长指状，顶端渐尖且常弯曲，未成熟时绿色，成熟后呈红色、橙色或紫红色，味辣。种子扁肾形，淡黄色。

分布与生境　河西走廊地区主要栽培蔬菜，在敦煌石窟群周边均有人工种植。

资源价值　重要的蔬菜和调味品。果实及根可入药；味辛，性热；可温中散寒、健胃消食、活血消肿。

曼陀罗 *Datura stramonium*

茄科 Solanaceae
曼陀罗属 *Datura*

形态特征　直立草本。叶宽卵形，顶端渐尖，基部不对称楔形，缘有不规则波状浅裂，裂片三角形，有时有疏齿，脉上有疏短柔毛。花常单生于枝杈间或叶腋，直立；花萼筒状，有5棱角；花冠漏斗状，下部淡绿色，上部白色或紫色；雄蕊5；子房卵形，不完全4室。蒴果直立，卵状，表面生有坚硬的针刺，或稀仅粗糙而无针刺，成熟后4瓣裂。

分布与生境　河西走廊地区常见栽培花卉，在莫高窟和西千佛洞周边有人工种植。

资源价值　以根和种子入药；味辛、苦，性温，有毒；归肝经、脾经；可平喘、祛风、止痛。

天仙子 *Hyoscyamus niger*

茄科 Solanaceae
天仙子属 *Hyoscyamus*

形态特征　二年生草本，全株有短腺毛和长柔毛。根粗壮，肉质。茎基部有莲座状叶丛；叶互生，矩圆形，基部半抱茎或截形，边缘羽状深裂或浅裂。花单生于叶腋，在茎上端聚集成顶生的穗状聚伞花序；花萼筒状钟形，5浅裂，裂片大小不等，果时增大成壶状，基部圆形；花冠漏斗状，黄绿色，基部和脉纹紫堇色，5浅裂；雄蕊5；子房近球形。蒴果卵球状，由顶端盖裂，藏于宿萼内。种子近圆盘形。

分布与生境　仅在五个庙石窟周边有分布。生于山坡、路旁、住宅区及河岸沙地。

资源价值　根、叶和种子药用；味苦、辛，性温，大毒；归心经、肝经、胃经；可解泾昌涌、安心定痫。

枸杞 *Lycium chinense*

形态特征　灌木。枝细长，柔弱，常弯曲下垂，有棘刺。叶互生或簇生于短枝上，卵形、卵状菱形或卵状披针形，全缘。花常1～4簇生于叶腋；花梗细；花萼钟状，3～5裂；花冠漏斗状，筒部稍宽但短于檐部裂片，淡紫色，裂片有缘毛；雄蕊5，花丝基部密生绒毛。浆果卵状或长椭圆状卵形，红色。种子肾形，黄色。

分布与生境　河西走廊地区常见荒漠灌木和药用植物，有大面积人工种植，在敦煌石窟群周边均有分布。生于山坡、荒地、盐碱地。

资源价值　成熟果实入药；味甘，性平；归肝经、肾经；可滋补肝肾、益精明目。

黑果枸杞 *Lycium ruthenicum*

形态特征　多刺灌木。多分枝，枝条坚硬，常之字形弯曲，白色。叶常2～6簇生于短枝上，肉质，条形、条状披针形或圆柱形，顶端钝而圆；无柄。花1～2生于棘刺基部两侧的短枝上；花梗细；花萼狭钟状，2～4裂；花冠漏斗状，筒部常较檐部裂片长2～3倍，浅紫色；雄蕊不等长。浆果球形，成熟后紫黑色。种子肾形，褐色。

分布与生境　河西走廊地区主要荒漠和盐碱地树种，在敦煌石窟群周边均有分布。生于山坡、荒地、盐碱地和沙地。

资源价值　国家二级重点野生保护植物。可做水土保持树种。果实可食用，亦可入药；味甘，性平；可滋补肝肾、益精明目。

碧冬茄 *Petunia × hybrida*

形态特征　一年生或多年生草本，全株有腺毛。茎圆柱形，直立或倾立。叶卵形，顶端渐尖、短尖或较钝，基部渐狭，全缘，在茎下部者互生，在上部者假对生；近无柄。花单生；花萼5深裂，裂片披针形；花冠漏斗状，顶端5钝裂；花瓣变化大，因品种而异，有单瓣或重瓣，边缘皱纹状或有不规则锯齿，颜色有白色、堇色、深紫色以及各种斑纹；雄蕊4长1短，插生在花冠筒中部。蒴果，2瓣裂。

分布与生境　河西走廊地区常见栽培花卉，在敦煌石窟群周边均有大面积人工种植。

资源价值　花色丰富，视觉效果好，群体表现出众，已成为城市绿化花坛摆放的主要花卉。

番茄 ☆ *Solanum lycopersicum*

茄科 Solanaceae
茄属 *Solanum*

形态特征 一年生或多年生草本，全株有柔毛和腺毛。叶为羽状复叶或羽状分裂，边缘有缺刻状齿，小叶片卵形或矩圆形，顶端渐尖或钝，基部两侧不对称。聚伞花序具花3～7，花序腋外生；花黄色；花萼裂片5～7，条状披针形；花冠辐状，5～7深裂；雄蕊5～7，花药合生成长圆锥状。浆果扁球状或近球状，成熟后红色或黄色。

分布与生境 河西走廊地区常见栽培蔬菜，在莫高窟、西千佛洞和榆林窟均有人工种植。

资源价值 果实为主要食果蔬菜，亦可入药；味甘、酸，性微寒；入肝经、脾肾经；可生津止渴、健胃消食。

茄 ☆ *Solanum melongena*

茄科 Solanaceae
茄属 *Solanum*

形态特征　直立分枝草本至半灌木；幼枝、叶、花梗及花萼均被星状绒毛，野生者常有皮刺。叶卵形至矩圆状卵形，顶端钝，基部偏斜，边缘浅波状或深波状圆裂。能育花单生，花后下垂；不育花生于蝎尾状花序上与能育花并出；花萼钟状，有小皮刺，裂片披针形；花冠辐状，裂片三角形；雄蕊5，着生于花冠筒喉部；子房圆形。果较大，圆形或圆柱状，紫色或白色，因品种而异，萼宿存。

分布与生境　河西走廊地区主要栽培蔬菜，在敦煌石窟群周边有人工种植。

资源价值　果实为蔬菜。茄根和茄花入药；茄根味甘，性凉，可清热利湿、祛风止咳、收敛止血；茄花味甘，性平，可敛疮、止痛、利湿。

龙葵 *Solanum nigrum*

形态特征　一年生草本。茎直立，多分枝。叶卵形，全缘或有不规则的波状粗齿，两面光滑或有疏短柔毛；叶柄长1～2 cm。花序短蝎尾状，腋外生，有4～10花；花梗长约5 mm；花萼杯状；花冠白色，辐状，裂片卵状三角形；雄蕊5；子房卵形，花柱中部以下有白色绒毛。浆果球形，熟时黑色。种子近卵形，压扁状。

分布与生境　河西走廊地区常见杂草，敦煌石窟群周边均有分布。生于灌溉沟渠旁、河堤、沼泽地等。

资源价值　以全草入药；味苦，性寒；可清热解毒、活血消肿。

青杞 *Solanum septemlobum*

形态特征　直立草本或半灌木状。茎有棱，被白色弯曲的短柔毛至近无毛。叶卵形，顶端尖或钝，基部楔形，5～7裂，裂片多为披针形，顶端尖，两面均有疏短柔毛，尤以叶脉及边缘较密；叶柄有短柔毛。二歧聚伞花序，顶生或腋外生，总花梗纤细；花萼小，杯状，外面有疏柔毛，裂片三角形；花冠蓝紫色，裂片矩圆形；雄蕊5；子房卵形。浆果近球状，熟时红色。种子扁圆形。

分布与生境　仅在榆林窟周边有分布。生于山坡、田间及路旁。

资源价值　以全草或种子入药；味苦，性寒，有小毒；入肝经；可清热解毒、清肝明目。

阳芋 ☆ *Solanum tuberosum*

茄科 Solanaceae
茄属 *Solanum*

形态特征　草本，无毛或有疏柔毛。地下茎块状，扁球状或矩圆状。单数羽状复叶；小叶6～8对，常大小相间，卵形或矩圆形，最基部稍不等，两面有疏柔毛。伞房花序顶生，后侧生；花白色或蓝紫色；花萼钟状，外面有疏柔毛；花冠辐状，5浅裂；雄蕊5；子房卵圆形。浆果圆球状，光滑。

分布与生境　河西走廊地区主要粮食作物和蔬菜，在敦煌石窟群周边均有人工种植。

资源价值　块茎富含淀粉，为山区主粮之一，亦可药用。块茎入药；味甘，性平；可和胃健中、解毒消肿。

连翘[☆] *Forsythia suspensa*

形态特征　灌木；茎直立，枝条通常下垂，髓中空。叶对生，卵形、宽卵形或椭圆状卵形，无毛，基部圆形至宽楔形，边缘除基部以外有粗锯齿，一部分形成羽状三出复叶。先花后叶；花黄色，腋生，通常单生；花萼裂片4，矩圆形，有睫毛，和花冠筒略等长；花冠裂片4，倒卵状椭圆形；雄蕊2，着生在花冠筒基部。蒴果卵球状，2室，基部略狭，表面散生瘤点。

分布与生境　河西走廊地区常见园林绿化树种，莫高窟、榆林窟和西千佛洞有人工种植。

资源价值　果实入药；味苦，性微寒；归肺经、心经、小肠经；可清热解毒、消肿散结。

白蜡树[☆] *Fraxinus chinensis*

木犀科 Oleaceae
梣属 *Fraxinus*

形态特征　落叶乔木。树皮灰褐色，纵裂。小枝无毛或疏被长柔毛，旋脱落。羽状复叶；小叶3～7，硬纸质，卵形、长圆形或披针形，先端锐尖或渐尖，基部圆钝或楔形，具整齐锯齿，上面无毛，下面沿中脉被白色长柔毛或无毛。圆锥花序，花序轴无毛或被细柔毛。花雌雄异株；雄花密集，花萼长约1 mm，无花冠；雌花疏离，花萼长2～3 mm，无花冠。翅果匙形，先端锐尖，常梨头状，翅下延至坚果中部。种子位于翅的中间，扁圆形。

分布与生境　河西走廊地区常见绿化树种，敦煌石窟群周边均有人工种植。

资源价值　优良的城市绿化、防风固沙和木料树种。树皮可入药；味苦、涩，性寒；归肝经、胆经、大肠经；可清热燥湿、收涩、明目。

小叶女贞 [☆] *Ligustrum quihoui*

木犀科 Oleaceae
女贞属 *Ligustrum*

形态特征　小灌木。小枝条有微短柔毛。叶薄革质，椭圆形至椭圆状矩圆形或倒卵状矩圆形，无毛，顶端钝，基部楔形至狭楔形，边缘略向外反卷；叶柄有短柔毛。圆锥花序，有微短柔毛；花白色，香，无梗；花冠筒和花冠裂片等长；花药超出花冠裂片。果倒卵形、宽椭圆形或近球形，黑色。

分布与生境　河西走廊地区常见绿化树种，莫高窟和西千佛洞周边有人工种植。

资源价值　优良的城市绿化树种。成熟果实入药；味甘、苦，性凉，归肝经、肾经；可滋补肝肾、明目乌发。

紫丁香[☆] *Syringa oblata*

形态特征　灌木或小乔木。枝条无毛，较粗壮。叶薄革质或厚纸质，圆卵形至肾形，通常宽大于长，无毛，顶端渐尖，基部心形或截形至宽楔形。圆锥花序发自侧芽，长6～15 cm；花冠紫色；花药位于花冠筒中部或中部靠上。果实压扁状，顶端尖，光滑。

分布与生境　河西走廊地区常见绿化树种，莫高窟、西千佛洞和榆林窟均有人工种植。

资源价值　优良园林绿化树种。叶及树皮入药；味苦，性寒；入肝经、胆经；可清热、解毒、利湿、退黄。

暴马丁香[☆] *Syringa reticulata* subsp. *amurensis*

木犀科 Oleaceae
丁香属 Syringa

形态特征　落叶小乔木或大乔木。树皮紫灰褐色，具细裂纹。叶片厚纸质，卵形，先端短尾尖至尾状渐尖或锐尖；叶柄无毛。圆锥花序由1到多对着生于同一枝条上的侧芽抽生；花序轴、花梗和花萼均无毛；花序轴具皮孔；花萼齿钝、凸尖或截平；花冠白色，呈辐状；花丝与花冠裂片近等长或长于裂片，花药黄色。果长椭圆形，端常钝或为锐尖、凸尖，光滑或具细小皮孔。

分布与生境　河西走廊地区常见绿化树种，莫高窟周边有人工种植。

资源价值　优良的城市绿化树种。树干及枝条入药；味苦、辛，性微温；归肺经；可宣肺化痰、止咳平喘、利水。

金鱼草[☆] *Antirrhinum majus*

车前科 Plantaginaceae
金鱼草属 *Antirrhinum*

形态特征 多年生草本。茎直立，基部有时木质化，茎中上部被腺毛，基部有时分枝。下部的叶常对生，上部的叶常互生；具短柄；叶披针形至长圆状披针形，无毛，先端尖，基部楔形，全缘。总状花序顶生，密被腺毛；花萼与花梗近等长，萼5深裂，裂片卵形，钝或急尖；花冠颜色多种，红色、紫色至白色，基部在前面下延成兜状，上唇直立，宽大，2半裂，下唇3浅裂，在中部向上唇隆起，封闭喉部，使花冠呈假面状；雄蕊4，二强。蒴果卵圆形，基部强烈向前延伸，被腺毛，先端孔裂。

分布与生境 河西走廊地区栽培观赏花卉，在莫高窟和西千佛洞周边有人工种植。

资源价值 园林栽培观赏花卉。全草入药；味苦、性凉；可清热解毒、活血消肿。

野胡麻 *Dodartia orientalis*

车前科 Plantaginaceae
野胡麻属 *Dodartia*

形态特征　多年生草本。茎单一或束生，近基部被棕黄色鳞片，茎从基部起到顶端多回分枝，枝伸直，细瘦，具棱角，扫帚状。叶疏生，茎下部的对生或近对生，上部的常互生，宽条形。总状花序顶生，伸长，常3～7花，稀疏；花萼近革质，萼齿宽三角形，近相等；花冠紫色或深紫红色，花冠筒长筒状，上唇短而伸直，卵形，端2浅裂，下唇褶襞密被多细胞腺毛，侧裂片近圆形，中裂片突出，舌状；雄蕊花药紫色，肾形。蒴果圆球形，褐色或暗棕褐色。

分布与生境　河西走廊地区常见杂草，在敦煌石窟群周边均有分布。多生于沙地、山坡、田边及沟渠旁。

资源价值　根或全草入药；味微苦，性凉；可清热解毒、散风止痒。

甘肃马先蒿 *Pedicularis kansuensis*

形态特征 一年生或二年生草本，体多毛。茎多条发出，有4条成行的毛。叶基出者柄较长，有密毛，茎生者4叶轮生；叶片矩圆形，羽状全裂，裂片10对左右，羽状深裂，披针形，边缘有锯齿。花轮生；苞片下部者叶状，中上部者近掌状开裂；花萼近球状，前方不裂，5齿不等大，三角形而有锯齿；花冠筒自基部以上向前膝曲，下唇长于盔，裂片近圆形，盔多少镰状弓曲，额高凸，常有具波状齿的鸡冠状突起；花丝1对有毛。蒴果斜卵状，长锐尖。

分布与生境 仅在五个庙石窟周边有分布。生于草坡和田埂旁边。

资源价值 茎叶及根入药；味苦，性平；可祛风湿、利小便。

平车前 *Plantago depressa*

形态特征　一年生草本，有圆柱状直根。基生叶直立或平铺，椭圆形、椭圆状披针形或卵状披针形，边缘有远离小齿或不整齐锯齿；叶柄基部有宽叶鞘及叶鞘残余。花葶少数，弧曲，疏生柔毛；穗状花序长4~10 cm，顶端花密生，下部花较疏；苞片三角状卵形，和萼裂片均有绿色突起；萼裂片椭圆形；花冠裂片椭圆形或卵形，顶端有浅齿；雄蕊稍超出花冠。蒴果圆锥状，周裂。种子5，黑棕色。

分布与生境　河西走廊地区常见田间杂草，敦煌石窟群周边均有分布。生于田边及河边草滩。

资源价值　全草入药；味甘，性寒；可利水、清热、明目、祛痰。

大车前 *Plantago major*

形态特征　二年生或多年生草本。须根多数。根茎粗短。叶基生呈莲座状，平卧、斜展或直立；叶片草质、薄纸质或纸质，宽卵形至宽椭圆形，两面疏生短柔毛或近无毛，少数被较密的柔毛；叶柄基部鞘状，常被毛。花序1至数个，穗状花序细圆柱状，基部常间断；苞片宽卵状三角形，宽与长约相等或略超过，无毛或先端疏生短毛，龙骨突宽厚。花无梗；萼片先端圆形，无毛或疏生短缘毛，边缘膜质，龙骨突不达顶端，前对萼片椭圆形至宽椭圆形，后对萼片宽椭圆形至近圆形；花冠白色，无毛，冠筒等长或略长于萼片。蒴果近球形、卵球形或宽椭圆球形，于中部或稍低处周裂。

分布与生境　河西走廊地区常见田间杂草，在敦煌石窟群周边均有分布。生于草地、草甸、河滩、沟边、沼泽地、山坡路旁、田边或荒地。

资源价值　全草入药；味甘，性寒；归肝经、肾经、肺经、小肠经；可清热利尿、祛痰、凉血、解毒。

北水苦荬 *Veronica anagallis-aquatica*

车前科 Plantaginaceae
婆婆纳属 *Veronica*

形态特征　多年生草本。常全株无毛，稀花序轴、花梗、花萼、蒴果有疏腺毛。根状茎斜走。茎直立或基部倾斜。叶对生；无柄；上部的叶半抱茎，卵状矩圆形至条状披针形，全缘或有疏而小的锯齿。总状花序腋生，比叶长，多花；花梗上升，与花序轴成锐角，与苞片近等长；花萼4深裂，裂片卵状披针形，急尖；花冠浅蓝色、淡紫色或白色，筒部极短，裂片宽卵形。蒴果卵圆形，顶端微凹，长宽近相等。

分布与生境　在莫高窟和五个庙石窟周边有分布。生于浅河滩及沼泽地。

资源价值　全草入药；味苦，性凉；归肺经、肝经、肾经；可清热利湿、止血化瘀。

梓[☆] *Catalpa ovata*

形态特征　落叶乔木。嫩枝无毛或具长柔毛。叶对生，有时轮生，宽卵形或近圆形，先端常3～5浅裂，基部圆形或心形，上面尤其是叶脉上疏生长柔毛；叶柄长，嫩时有长柔毛。圆锥花序，花序梗稍有毛，花多数；花冠淡黄色，内有黄色线纹和紫色斑点。蒴果嫩时疏生长柔毛。种子长椭圆形，两端生长毛。

分布与生境　河西走廊地区常见园林绿化树种，仅在莫高窟周边有人工种植。

资源价值　全株均可入药；味苦，性寒；可清热利湿、降逆止吐、杀虫止痒。

黄花角蒿 *Incarvillea sinensis var. przewalskii*

紫葳科 Bignoniaceae
角蒿属 *Incarvillea*

形态特征　多年生草本，全株被淡褐色细柔毛。叶一回羽状分裂，多数着生于茎的下部。顶生总状花序，着生于茎的近顶端；花萼钟状，绿色，具紫色斑点，脉深紫色，萼齿宽三角形，顶端尖；花冠黄色，基部深黄色至淡黄色，具紫色斑点及褐色条纹，裂片圆形，被有具短柄的腺体；退化雄蕊极短，花丝、花药淡黄色。蒴果木质，披针形，淡褐色，具明显的6棱，顶端渐尖。种子卵形或圆形，淡黄褐色，常在上面被密的灰色柔毛。

分布与生境　栽培花卉伴生植物，仅在莫高窟周边有分布。

资源价值　全草入药；味苦、微甘，性平；可清热、鲜毒、燥湿、消食。

柳叶马鞭草 [☆] *Verbena bonariensis*

马鞭草科 Verbenaceae
马鞭草属 *Verbena*

形态特征　多年生草本。茎四方形，多分枝。叶对生，卵圆形至矩圆形，或长圆状披针形；基生叶边缘常有粗锯齿及缺刻，通常3深裂，裂片边缘有不整齐的锯齿，两面有粗毛。穗状花序顶生或腋生，细长如马鞭；花小，花冠淡紫色或蓝色。果为蒴果状，长约0.2 cm，外果皮薄，成熟时开裂，内含4小坚果。

分布与生境　河西走廊地区常见观赏花卉，在莫高窟和榆林窟周边有人工种植。

资源价值　优质园林观赏花卉。地上部分全草入药；味苦，性微寒；具有清热解毒、活血散瘀、利尿消肿之功效。

白花枝子花 *Dracocephalum heterophyllum*

形态特征　多年生直立草本，密被倒向微柔毛。叶宽卵形或长卵形，先端钝圆，基部心形，下面疏被短柔毛或近无毛。轮伞花序具4~8花，生于茎上部；苞片倒卵状匙形或倒披针形，具3~8对长刺细齿；花萼淡绿色，疏被短柔毛，具缘毛，上唇3浅裂，萼齿三角状卵形，具刺尖，下唇2深裂，萼齿披针形，先端具刺；花冠白色，密被白色或淡黄色短柔毛。

分布与生境　仅在五个庙石窟周边有分布。生于山地、田边和路旁。

资源价值　饲用植物和蜜源植物。全草入药；味苦、辛，性寒；可止咳、清肝火、散郁结。

蝴蝶薰衣草[☆] *Lavandula pedunculata*

唇形科 Lamiaceae
薰衣草属 *Lavandula*

形态特征　半灌木或矮灌木。茎分枝，被星状绒毛，在幼嫩部分较密。叶线形或披针线形，被密的或疏的灰色星状绒毛；在更新枝上的叶较小，簇生，密被灰白色星状绒毛，均先端钝，基部渐狭成极短柄，全缘，边缘外卷。轮伞花序在枝顶聚集成间断或近连续的穗状花序，花序梗密被星状毛；苞片菱状卵圆形，被星状绒毛；花具短梗，蓝色，密被灰色星状绒毛；花萼卵状管形或近管形，二唇形，上唇1齿较宽而长，下唇具相等4齿；花冠长约为花萼的2倍，具13脉纹，花冠内面在喉部及冠檐被腺毛，中部具毛环，上唇直伸，2裂，裂片较大，圆形，且彼此较重叠，下唇开展，3裂，裂片较小。小坚果4，光滑。

分布与生境　河西走廊地区园林观赏花卉，仅在莫高窟周边有人工种植。

资源价值　优质的蜜源植物和观赏花卉。花可提炼芳香精油。全草入药；味辛，性凉；可清热解毒、散风止痒。

薄荷☆ *Mentha canadensis*

形态特征　多年生草本。茎上部具倒向微柔毛，下部仅沿棱上具微柔毛。叶矩圆状披针形至披针状椭圆形，上面沿脉密生，余部疏生微柔毛，或除脉外近无毛，下面常沿脉密生微柔毛；具柄。轮伞花序腋生，球形，具梗或无梗；花萼筒状钟形，10脉，齿5，狭三角状钻形；花冠淡紫，外被毛，内面在喉部下被微柔毛，檐部4裂，上裂片顶端2裂，较大，其余3裂近等大；雄蕊4，前对较长，均伸出。小坚果卵球形。

分布与生境　河西走廊地区常见药用植物，敦煌石窟群周边均有人工栽培。

资源价值　全草入药；味辛，性凉；具有疏散风热、清利头目、利咽、透疹以及疏肝解郁的功效。

假龙头花 ☆ *Physostegia virginiana*

形态特征　多年生草本。茎直立，丛生，四棱形。地下具匍匐状根茎。叶亮绿色，披针形，先端渐尖，缘有锐齿。穗状花序顶生，长可达30 cm；小花花冠唇形，花筒长2.5 cm，花粉红色或淡紫红色。花期7～9月。

分布与生境　河西走廊地区常见观赏花卉，在莫高窟和西千佛洞周边有人工种植。

资源价值　地被植物，也是重要的切花材料。

荔枝草 *Salvia plebeia*

唇形科 Lamiaceae
鼠尾草属 *Salvia*

形态特征　直立草本。茎被向下的疏柔毛。叶椭圆状卵形或披针形，上面疏被微硬毛，下面被短疏柔毛。轮伞花序具6花，密集成顶生假总状或圆锥花序；苞片披针形，细小；花萼钟状，外被长柔毛，上唇顶端具3个短尖头，下唇2齿；花冠淡红色至蓝紫色，稀白色，筒内有毛环，下唇中裂片宽倒心形；花丝长1.5 mm，药隔略长于花丝，弧形，上下臂等长，二下臂不育，膨大，互相连合。小坚果倒卵圆形，光滑。

分布与生境　河西走廊地区观赏花卉伴生杂草，仅在莫高窟周边有分布，随人工栽培花卉伴生。

资源价值　全草入药；味苦、辛，性凉；归肺经、胃经；可清热、解毒、凉血、利尿。

并头黄芩 *Scutellaria scordifolia*

形态特征 多年生直立草本。在棱上疏被上曲的微柔毛。叶三角状狭卵形、三角状卵形或披针形，上面无毛，下面沿脉上疏被小柔毛，有时几无毛，具多数凹腺点；具短柄。花单生于茎上部的叶腋内，偏向一侧；花萼长3～4 mm，盾片高约1 mm，果时均明显增大；花冠蓝紫色，花冠筒基部前方浅囊状膝曲，下唇中裂片圆状卵形；雄蕊4，二强；花盘前方隆起。小坚果椭圆形，具瘤，腹面近基部具果脐。

分布与生境 仅在五个庙石窟周边有分布。生于党河峡谷内的草地和湿草甸。

资源价值 全草入药；味微苦，性凉；入肺经、膀胱经；可清热解毒、泻热利尿。

百里香 *Thymus mongolicus*

形态特征　半灌木。不育枝从茎的末端或基部长出，花枝在花序下密被倒向或稍开展的疏柔毛，向下毛变短而疏。叶2~4对，叶片卵形，腺点明显。花序头状；花萼筒状钟形或狭钟状，内面在喉部有白色毛环，上唇具3齿，齿三角形，下唇较上唇长或近相等，齿钻形，各齿具睫毛或无毛；花冠紫红色至粉红色，上唇直伸，微凹，下唇开展，3裂，中裂片较长。小坚果近圆形或卵圆形，光滑。

分布与生境　仅在五个庙石窟周边有分布。生于田边及土层深厚的山坡上。

资源价值　食材。全草入药；味辛，性微温；可祛风解表、行气止痛、止咳、降压。

肉苁蓉 * *Cistanche deserticola*

形态特征 多年生寄生草本。块茎基生茎肉质，圆柱形，不分枝，下部较粗。叶肉质，鳞片状，螺旋状排列，淡黄白色，下部叶紧，宽卵形或三角状卵。穗状花序顶生，伸出地面，有多数花；苞片线状披针形或卵状披针形；花冠管状钟形，淡黄白色，管内弯，里面离轴方向有2鲜黄色的纵向突起，裂片5，淡黄白色、淡紫色或边缘淡紫色；雄蕊4，二强，近内藏。蒴果卵圆形，2瓣裂，褐色。

分布与生境 肉苁蓉寄生于梭梭根系之上，与梭梭分布一致，但在敦煌石窟群中仅在莫高窟周边有零星分布。

资源价值 国家二级保护重点野生植物。干燥带鳞叶的肉质茎入药；味甘、咸，性温；归肾经、大肠经；可补肾阳、益精血、润肠通便。

蓍 *Achillea millefolium*

形态特征　多年生草本。根状茎匍匐；茎直立，密生白色长柔毛。叶披针形、矩圆状披针形或近条形，二回至三回羽状全裂，上部叶通常有1~2齿，裂片及齿披针形或条形，顶端有软骨质小尖，被疏长柔毛或近无毛，有蜂窝状小点。头状花序多数，密集成复伞房状；总苞矩圆状或近卵状，总苞片3层，覆瓦状，绿色，龙骨瓣状，有中肋，边缘膜质；托片卵形，膜质；舌状花白色、粉红色或紫红色，舌片近圆形，顶端有2~3齿；筒状花黄色。瘦果矩圆形，无冠毛。

分布与生境　河西走廊地区常见栽培花卉，在莫高窟周边有人工种植。

资源价值　园林花坛布设花卉。全草入药；味辛、苦，性平，有小毒；可解毒消肿、止血、止痛。

顶羽菊 *Acroptilon repens*

菊科 Asteraceae
顶羽菊属 *Acroptilon*

形态特征　多年生草本。茎生叶长椭圆形或匙形，边缘全缘。有头状花序多数，在茎枝顶端排成伞房花序或伞房圆锥花序；总苞片约8层；全部苞片具附属物；全部小花管状，花冠粉红色或淡紫色。瘦果倒长卵形，淡白色，顶端圆形，无果缘，基底着生面稍见偏斜。冠毛白色，多层，向内层渐长，全部冠毛刚毛基部不连合成环，不脱落或分散脱落，短羽毛状。

分布与生境　河西走廊地区常见田间杂草，敦煌石窟群周边均有分布。生于水旁、沟边、盐碱地、田边、荒地、沙地、干山坡及石质山坡。

资源价值　全草入药；味苦，性凉；可清热解毒、活血消肿。

蓍状亚菊 *Ajania achilloides*

形态特征　小半灌木。中部茎生叶卵形或楔形，二回羽状分裂，一回、二回全部全裂，两面同色，白色或灰白色，被稠密顺向贴伏的短柔毛，全部叶有柄。头状花序小，少数在茎枝顶端排成复伞房花序或多数复伞房花序组成大型复伞房花序；总苞钟状，总苞片4层，有光泽，麦秆黄色，外层长椭圆状披针形，中内层卵形至披针形，中外层外面被微毛，全部苞片边缘白色膜质，顶端钝或圆；边缘雌花约6，花冠细管状，顶端4深裂尖齿，全部花冠外面有腺点。

分布与生境　河西走廊地区荒漠草原植物，在敦煌石窟群周边均有分布。生于砾质戈壁、荒漠草原、石质坡地及河谷冲沟。

资源价值　荒漠草原饲用植物。全草入药；味微苦，性寒，无毒；可清肺止咳。

灌木亚菊 *Ajania fruticulosa*

形态特征　小半灌木。老枝麦秆黄色；花枝灰白色或灰绿色，被柔毛。茎中部叶圆形、扁圆形、三角状卵形、肾形或宽卵形，二回掌状或掌式羽状3～5裂，一回、二回全裂；茎中上部和中下部的叶掌状，有柄，小裂片线状钻形、宽线形、倒长披针形，两面均灰白色或淡绿色，被贴伏柔毛。头状花序小，少数或多数在枝端排成伞房花序或复伞房花序；总苞钟状，总苞片4层，全部苞片边缘白色或带浅褐色膜质，顶端圆或钝，仅外层基部或外层被短柔毛，其余无毛，麦秆黄色，有光泽；边缘雌花5，花冠细管状。瘦果。

分布与生境　仅在五个庙石窟周边有分布。生于戈壁、荒漠草原及河滩。

资源价值　荒漠草原饲用植物，有一定的观赏价值。

乳白香青 *Anaphalis lactea*

菊科 Asteraceae
香青属 *Anaphalis*

形态特征　多年生草本。根状茎粗壮，灌木状，有顶生莲座状叶丛或花茎。茎不分枝。莲座状叶披针形或匙状矩圆形，下部渐狭成具翅的基部鞘状长柄；中部茎生叶矩椭圆形、条状披针形或条形，沿茎下延成狭翅；全部叶被白色或灰白色密绵毛，有离基三出脉或1脉。头状花序多数排成复伞房状；总苞钟状，内层苞片乳白色；雄株头状花序全部有雄花。瘦果黄褐色，圆柱形；冠毛白色，较花冠稍长。

分布与生境　仅在五个庙石窟周边有分布。生于高山阴坡、低山草地及针叶林下。

资源价值　全草入药；味辛、苦，性寒；可活血散瘀、平肝潜阳、祛痰。

牛蒡 *Arctium lappa*

菊科 Asteraceae
牛蒡属 *Arctium*

形态特征　二年生草本。茎直立，粗壮。基生叶宽卵形，边缘稀疏的浅波状凹齿或齿尖。头状花序多数或少数在茎枝顶端排成疏松的伞房花序或圆锥状伞房花序，花序梗粗壮；总苞卵形或卵球形，总苞片多层，多数，外层三角状或披针状钻形，全部苞近等长，顶端有软骨质钩刺；小花紫红色，外面无腺点，花冠裂片长约2 mm。瘦果倒长卵形或偏斜倒长卵形；冠毛刚毛糙毛状，基部不连合成环，分散脱落。

分布与生境　河西走廊地区常见田间杂草，敦煌石窟群周边均有分布。生于田边及水沟旁。

资源价值　根及果实入药；味辛、苦，性寒；可疏散风热、宣肺透疹、散结解毒。

黄花蒿 *Artemisia annua*

形态特征　一年生草本。茎直立，多分枝，无毛。基部及下部叶在花期枯萎；中部叶卵形，三回羽状深裂，裂片及小裂片矩圆形或倒卵形，开展，顶端尖，基部裂片常抱茎，下面色较浅，两面被短微毛；上部叶小，常一回羽状细裂。头状花序极多数，球形，有短梗，排列成复总状或总状，常有条形苞叶；总苞无毛，总苞片2～3层，外层狭矩圆形，绿色，内层椭圆形，除中脉外边缘宽膜质；花托长圆形；花筒状，外层雌性，内层两性。瘦果矩圆形，无毛。

分布与生境　河西走廊地区常见田间杂草，在敦煌石窟群周边均有分布。生于田间、路旁、荒地及林缘等。

资源价值　全草入药；味辛、苦，性凉，无毒；可清热解疟、祛风止痒。

米蒿 *Artemisia dalai-lamae*

形态特征 半灌木状草本。根状茎粗短，有少数营养枝。茎多数，直立，常成丛。叶多数，密集，近肉质，近无柄或无柄，两面微被短柔毛；茎下部与中部叶卵形或宽卵形，一回至二回羽状全裂或近掌状全裂；上部叶与苞叶3或5全裂。头状花序半球形或卵球形，有短梗或近无梗，在茎或茎的分枝上排成穗状花序、穗状花序式的总状花序或为复穗状花序，而在茎上再组成狭窄的圆锥花序；总苞片3~4层，外层总苞片长卵形或椭圆状披针形，背面微被灰白色蛛丝状短柔毛，边膜质，中层、内层总苞片椭圆形，近膜质，背面无毛；雌花1~3，花冠狭圆锥状或狭管状，檐部具2（~3）裂齿，花柱略伸出花冠外，先端2叉，叉端尖；两性花8~20，花冠管状，背面有腺点，花药线形，先端附属物尖，长三角形，基部圆钝或微尖，花柱与花冠等长或略短于花冠，先端2叉，叉端近截形，有睫毛。瘦果小，倒卵形。

分布与生境 河西走廊地区常见草原植物，敦煌石窟群周边均有分布。生于砾质山坡、半荒漠草原、盐碱地、干河谷及河漫滩等地区。

资源价值 荒漠草原优良牧草。

大花蒿 *Artemisia macrocephala*

形态特征　一年生草本。茎直立，单生，有时下部半木质化。茎、枝疏被灰白色微柔毛。叶草质，两面被灰白色短柔毛；下部与中部叶宽卵形或圆卵形，二回羽状全裂，每侧有2~3裂片；上部叶与苞片叶3全裂或不裂，狭线形，无柄。头状花序近球形，有短梗，下垂，在茎上排成疏松的总状花序，稀为狭窄的总状花序式的圆锥花序；总苞片3~4层，内、外层近等长或内层总苞片略长，外层与中层总苞片草质，椭圆形，背面被白色短柔毛，边缘宽膜质，褐色，内层椭圆形或长椭圆形，膜质；花序托凸起，半球形，密生白色托毛；雌花2~3层，40~70朵，花冠狭圆锥状或瓶状；两性花多层，外围2~3层可育，中央数轮不可育，花冠管状，花药长椭圆状披针形，花柱线形，先端2叉，叉端有睫毛。瘦果长卵圆形或倒卵状椭圆形，上端常有不对称的冠状附属物。

分布与生境　河西走廊地区常见草原植物，仅在五个庙石窟周边有分布。生于荒漠草原、河湖岸边、沙砾地、山谷、盐碱地及路旁。

资源价值　含挥发油与生物碱，为牧区牲畜中等营养价值的饲料，亦可做兽药。

蒙古蒿 *Artemisia mongolica*

形态特征　多年生草本。茎直立，被蛛丝状毛，上部有斜升的花序枝。中部叶长羽状深裂，侧裂片通常2对，又常羽状浅裂或不裂，顶裂片又常3裂，裂片披针形至条形，渐尖，下部渐狭成短柄，或发育成3～4对渐短的条状披针形的侧裂片及假托叶，上面近无毛，下面除中脉外被白色短绒毛；上部叶3裂或不裂。头状花序无梗，多少直立，多数密集成狭长的复总状花序，有条形苞叶；总苞片3～4层，矩圆形，被密绒毛，边缘宽膜质；花黄色，外层雌性，内层两性。瘦果微小，无毛。

分布与生境　河西走廊地区常见药用植物，敦煌石窟群周边均有分布。生于荒地、路旁、河边、山坡及草原。

资源价值　全草入药；味辛、苦，性温，有小毒；有温经、止血、散寒、祛湿等作用。

香叶蒿 *Artemisia rutifolia*

形态特征 半灌木状草本，有时小灌木状，植株有浓香。茎成丛，幼时被灰白色平贴丝状柔毛，老时渐脱落。叶两面被灰白色平贴丝状柔毛；茎下部叶与中部叶近半圆形或肾形，二回羽状全裂或二回近掌状式三出全裂，每侧裂片1~2，小裂片长椭圆状倒披针形或椭圆状披针形，先端稍外弯，叶柄基部无假托叶；茎上部叶与苞片叶近掌状式羽状全裂，3全裂或不裂。头状花序半球形或近球形，下垂或斜展，在茎上半部排成总状花序或部分间有复总状花序，花序托具脱落性糠秕状或鳞片状托毛；总苞片背面被白色丝状柔毛；雌花5~10；两性花12~15。瘦果椭圆状倒卵圆形。

分布与生境 河西走廊地区常见荒漠草原植物，敦煌石窟群周边均有分布。生于荒漠草原、干河谷、干山坡、山间盆地等地区。

资源价值 荒漠草原及半荒漠草场的优良牧草。

猪毛蒿 *Artemisia scoparia*

菊科 Asteraceae
蒿属 *Artemisia*

形态特征 一年生或二年生草本。茎直立，有多数开展或斜升的分枝，被微柔毛或近无毛，有时具叶较大而密集的不育枝。叶密集；下部叶与不育茎的叶同形，有长柄，叶片矩圆形，二回或三回羽状全裂，裂片狭长或细条形，常被密绢毛或上面无毛，顶端尖；中部叶一回或二回羽状全裂，裂片极细，无毛；上部叶三裂或不裂。头状花序极多数，有梗或无梗，有线形苞叶，在茎及侧枝上排列成复总状花序；总苞近球形；总苞片2～3层，卵形，边缘宽膜质，背面绿色，近无毛；花外层5～7个，雌性，能育，内层约4个，不育。瘦果矩圆形无毛。

分布与生境 河西走廊地区荒漠草原常见植物，仅在莫高窟周边有分布。生于山坡、林缘、路旁、草原、荒漠边缘等。

资源价值 全草入药；味苦、辛，微寒；可清热利湿、利胆退黄。

大籽蒿 *Artemisia sieversiana*

形态特征　一年生至二年生草本。有直根，单生或从基部分枝，被灰色微柔毛。下部及中部叶片宽卵形，二回至三回羽状深裂，裂片宽或狭条形，钝或渐尖，下面被较密的微柔毛，上面被较疏的微柔毛，有腺点；叶柄长（1～）2～4cm，基部有小型羽状分裂的假托叶；上部叶浅裂或不裂，条形；无柄。头状花序多数，下垂，排列成复总状花序，有短梗及条形苞叶；总苞半球形，总苞片4～5层，外层矩圆形，有被微毛的绿色中脉，内层倒卵形，干膜质；花序托有白色托毛；花黄色，极多数，外层雌性，内层两性。瘦果无冠毛。

分布与生境　河西走廊地区常见草原植物，在敦煌石窟群周边均有分布。生于田间、路旁、荒地、草原及林缘等。

资源价值　牲畜饲料。全草入药；味苦、微甘，性凉；有消炎、清热、止血之功效。

圆头蒿 *Artemisia sphaerocephala*

菊科 Asteraceae
蒿属 *Artemisia*

形态特征　小灌木。茎成丛，灰褐或灰黄色，分枝多而长，初被灰白色柔毛。叶近肉质，初两面密被灰白色柔毛，短枝叶常簇生状；茎下部、中部叶宽卵形或卵形，二回或一回至二回羽状全裂，每侧有裂片2～3，两侧中部裂片长，常3全裂，小裂片线形或镰形，先端有小硬尖头，基部半抱茎，叶柄基部常有线形假托叶；上部叶羽状分裂或3全裂；苞叶不裂，稀3全裂。头状花序近球形，下垂，排成穗状总状花序或复总状花序，在茎上组成开展圆锥花序；总苞片淡黄色，光滑；雌花4～12，两性花6～12。瘦果黑色，果壁有胶质。

分布与生境　河西走廊地区常见荒漠草原植物，敦煌石窟群周边均有分布。生于流动、半流动或固定的沙丘上及干旱的荒坡上。

资源价值　荒漠地区良好的固沙植物和饲用植物。枝供编筐或固沙的沙障。瘦果入药；味辛，性温；可消炎散瘀、利气、杀虫。

阿尔泰狗娃花 *Aster altaicus*

形态特征　多年生草本，有横走或垂直的根。茎直立，被上曲或有时开展的毛，上部或全部有分枝。基生叶在花期枯萎；下部基生叶条形、矩圆状披针形、倒披针形或近匙形，全缘或有疏浅齿；上部茎生叶渐狭小，条形；全部叶两面或下面被粗毛或细毛，常有腺点，中脉在下面稍凸起。头状花序单生枝端或排成伞房状；总苞半球形，总苞片2~3层，近等长或外层稍短，矩圆状披针形或条形，顶端渐尖，背面或外层全部草质，被毛，常有腺，边缘膜质；舌状花约20，舌片浅蓝紫色，矩圆状条形；管状花有疏毛。瘦果，倒卵状矩圆形，灰绿色或浅褐色，被绢毛，上部有腺；冠毛污白色或红褐色，有不等长的微糙毛。

分布与生境　河西走廊地区主要荒漠植物，在敦煌石窟群周边均有分布。生于草原、草甸、山地、戈壁滩地及河岸路旁。

资源价值　中等饲用植物。全草和花可入药；味微苦，性凉；可清热降火、排脓。

紫菀 *Aster tataricus*

形态特征　多年生草本。茎直立，粗壮，有疏粗毛，基部有纤维状残叶和不定根。基部叶花期枯落，矩圆状或椭圆状匙形；上部叶狭小，厚纸质，两面有粗短毛，中脉粗壮，有6～10对羽状侧脉。头状花序排列成复伞房状；总苞半球形，总苞片3层，外层渐短，全部或上部草质，顶端尖或圆形，边缘宽膜质，紫红色；舌状花20多，蓝紫色，中央有多数两性筒状花。瘦果倒卵状矩圆形，紫褐色，两面各有1脉或少有3脉，有疏粗毛；冠毛污白色或带红色。

分布与生境　仅在莫高窟周边有分布。生于河岸湿地、低山草地及林下。

资源价值　全草入药；味苦、辛，性温，无毒；主治咳逆上气、胸中寒热结气，可去蛊毒、疗咳唾脓血、止喘悸久嗽等。

中亚紫菀木 *Asterothamnus centrali-asiaticus*

菊科 Asteraceae
紫菀木属 *Asterothamnus*

形态特征　半灌木。下部多分枝，枝有被绒毛的腋芽，小枝被灰白色卷曲短绒毛。叶矩圆状条形或近条形，边缘反卷，下面被灰绿色，上面被灰白色卷曲密绒毛。头状花序较大，在枝端排成疏伞房状；总花梗较粗壮；总苞宽倒卵形，总苞片3~4层，上端通常紫红色，背面被灰白色蛛丝状短毛，边缘白色，宽膜质；边缘舌状花淡紫色；两性花筒状，花柱分枝顶端有短三角状附器；冠毛糙毛状，与花冠等长。

分布与生境　河西走廊地区常见荒漠植物，在西千佛洞、榆林窟和五个庙石窟周边均有分布。生于平沙地或戈壁。

资源价值　荒漠草原良好的饲用植物。

灌木紫菀木 *Asterothamnus fruticosus*

菊科 Asteraceae
紫菀木属 *Asterothamnus*

形态特征 多分枝半灌木。茎全部帚状分枝。叶较密集，线形，顶端尖，基部渐狭，边缘反卷，两面被蛛丝状短绒毛，或有时上面近无毛，上部叶渐小；无柄。头状花序较大，在茎枝端排列成疏伞房花序，具较多花，花序梗细长，直立或稍弯曲，常具多少线形的小叶；总苞宽倒卵形，总苞片3层，革质，覆瓦状，外层和中层较小，卵状披针形，内层长圆形，顶端全部长渐尖，背面被疏蛛丝状短绒毛，边缘白色宽膜质，顶端绿色或白色，少有紫红色，具1绿色或暗绿色的中脉；有舌状花，或有时无舌状花，外围有7~10舌状花，舌片开展，淡紫色；中央的两性花15~18，花冠管状，檐部钟形，有披针形5裂。瘦果长圆形，基部缩小，常具小环，被白色长伏毛；冠毛白色，糙毛状，与花冠等长。

分布与生境 河西走廊地区常见荒漠植物，在榆林窟和五个庙石窟周边有分布。生于荒漠草原、路旁及戈壁。

资源价值 荒漠草原良好的饲用植物。

鬼针草 *Bidens pilosa*

菊科 Asteraceae
鬼针草属 *Bidens*

形态特征　一年生草本。茎无毛或上部被极疏柔毛。茎下部叶3裂或不裂，花前枯萎；茎中部叶无翅，小叶3，两侧小叶椭圆形或卵状椭圆形，具短柄，有锯齿，顶生小叶长椭圆形或卵状长圆形，有锯齿，无毛或被极疏柔毛；茎上部叶3裂或不裂，线状披针形。头状花序总苞基部被柔毛，外层总苞片7~8，线状匙形，草质，背面无毛或边缘有疏柔毛；无舌状花，盘花筒状，冠檐5齿裂。瘦果熟时黑色，线形，具棱，上部具稀疏瘤突及刚毛，顶端芒刺3~4，具倒刺毛。

分布与生境　河西走廊地区常见田间杂草，在敦煌石窟群周边均有分布。生于荒地、路旁及田间。

资源价值　地上部分入药；味苦，性平，无毒；可清热、解毒、散瘀、消肿。

金盏花[☆] *Calendula officinalis*

形态特征 一年生草本。通常自茎基部分枝，绿色或多少被腺状柔毛。基生叶长圆状倒卵形或匙形，全缘或具疏细齿，具柄；茎生叶长圆状披针形或长圆状倒卵形，顶端钝，稀急尖，边缘波状，具不明显的细齿，基部多少抱茎，无柄。头状花序单生茎枝端；总苞片1～2层，披针形或长圆状披针形，外层稍长于内层，顶端渐尖；小花黄或橙黄色，长于总苞的2倍；管状花檐部具三角状披针形裂片。瘦果全部弯曲，淡黄色或淡褐色，外层的瘦果大半内弯，外面常具小针刺，顶端具喙，两侧具翅，脊部具规则的横褶皱。

分布与生境 河西走廊地区栽培观赏花卉，在敦煌石窟群周边均有人工种植。

资源价值 园林观赏花卉。以根和花入药；味淡，性平；可凉血、止血、活血散瘀、行气利尿。

翠菊☆ *Callistephus chinensis*

菊科 Asteraceae
翠菊属 *Callistephus*

形态特征　一年生或二年生草本。茎直立，有白色糙毛。中部叶卵形、匙形或近圆形，边缘有粗锯齿，两面被疏短硬毛，叶柄有狭翅；上部叶渐小。头状花序大，单生于枝端；总苞半球形，总苞片3层，外层叶质，边缘有白色糙毛；外围雌花舌状，1层或多层，红色、蓝色等；中央有多数筒状两性花。瘦果有柔毛；冠毛2层，外层短，易脱落。

分布与生境　河西走廊地区栽培观赏花卉，在敦煌石窟群周边有人工种植。

资源价值　非常重要的观赏植物。花可入药；味苦，性平；可清肝明目、清热解毒、燥脓消肿。

小甘菊 *Cancrinia discoidea*

菊科 Asteraceae
小甘菊属 *Cancrinia*

形态特征 二年生草本。茎基部分枝，被白色绵毛。叶灰绿色，被白色绵毛至几无毛，叶长圆形或卵形，二回羽状深裂，裂片2~5对，每裂片2~5深裂或浅裂，稀全缘，小裂片卵形或宽线形，先端钝或短渐尖；叶柄长，基部扩大。头状花序单生，花序梗直立；总苞疏被绵毛至几无毛，总苞片3~4层，草质，外层少数，线状披针形，先端尖，几无膜质边缘，内层较长，线状长圆形，边缘宽膜质；花托凸起，锥状球形；花黄色。瘦果无毛；冠状冠毛膜质，5裂。

分布与生境 河西走廊地区常见荒漠植物，在敦煌石窟群周边均有分布。生于山坡、荒地和河滩沙地。

资源价值 部分地区做园林观赏花卉。全草入药；味苦、辛，性微寒；可清热祛湿。

红花 [☆] *Carthamus tinctorius*

形态特征　一年生草本。茎直立，无毛，上部分枝。叶长椭圆形或卵状披针形，顶端尖，基部狭窄或圆形，无柄，基部抱茎，边缘羽状齿裂，齿端有针刺，两面无毛；上部叶渐小，成苞片状围绕着头状花序。头状花序直径3～4 cm，有梗，排成伞房状；总苞近球形，外层苞片卵状披针形，基部以上稍收缩，绿色，边缘具针刺，内层苞片卵状椭圆形，中部以下苞片全缘，顶端长尖，上部边缘稍有短刺；管状花橘红色。瘦果椭圆形或倒卵形，基部稍歪斜，具4棱；无冠毛或冠毛鳞片状。

分布与生境　河西走廊地区栽培观赏花卉，在莫高窟和榆林窟周边有人工种植。

资源价值　园林栽培花卉。以干花入药；味辛，性温；归心经、肝经；可活血通经、散瘀止痛。

矢车菊[☆] *Centaurea cyanus*

菊科 Asteraceae
矢车菊属 *Centaurea*

形态特征　一年生或二年生草本。植株灰白色，茎直立。基生叶及下部茎生叶长椭圆状倒披针形或披针形，全缘，或琴状羽裂，顶裂片较大，边缘有小锯齿；中部茎生叶条形、宽条形或条状披针形，先端渐尖，基部楔形，全缘；上部茎生叶与中部茎生叶同形，但渐小。头状花序多数或少数在茎枝顶端排成伞房花序或圆锥花序；总苞椭圆状，有稀疏蛛丝毛，总苞片约7层，全部总苞片由外向内椭圆形、长椭圆形，全部苞片顶端有浅褐色或白色的附属物；边花增大，超长于中央盘花，蓝色、白色、红色或紫色，檐部5~8裂；盘花浅蓝色或红色。瘦果椭圆形，有细条纹，被稀疏的白色柔毛；冠毛白色或浅土红色，全部冠毛刚毛状。

分布与生境　河西走廊地区常见栽培花卉，在莫高窟周边有人工种植。

资源价值　园林观赏花卉和良好的蜜源植物。花入药可以舒缓风湿疼痛，治疗胃痛，防治胃炎、胃肠不适、支气管炎。

刺儿菜 *Cirsium segetum*

形态特征　多年生草本。基生叶和中部茎生叶椭圆形，上部茎生叶渐小，叶缘有细密的针刺，或大部茎生叶羽状浅裂或半裂或边缘粗大圆锯齿，全部茎生叶两面同色。头状花序单生茎端；总苞片约6层，覆瓦状排列；小花紫红色，分雌花和两性花。瘦果淡黄色，椭圆形或偏斜椭圆形；冠毛污白色，多层，整体脱落。

分布与生境　河西走廊地区常见田间杂草，敦煌石窟群周边均有分布。生于田间、路边、荒地及山坡沙地。

资源价值　全草入药；味甘、苦，性凉；归心经、肝经；可凉血、止血、祛瘀消肿。

牛口刺 *Cirsium shansiense*

形态特征 多年生草本。茎枝被长毛或绒毛。中部茎生叶卵形、披针形、长椭圆形、椭圆形或线状长椭圆形，羽状浅裂、半裂或深裂，基部渐窄，扩大抱茎；侧裂片3～6对，偏斜三角形或偏斜半椭圆形，顶裂片长三角形、宽线形或长线形，先端及边缘有针刺；向上的叶渐小，与中部茎生叶同形并等样分裂，具齿裂；叶上面绿色，被长毛，下面灰白色，密被绒毛。头状花序排成伞房花序；总苞卵圆形，无毛，总苞片7层，覆瓦状排列，向内层渐长，背面有黑色黏腺，最外层长三角形，外层三角状披针形或卵状披针形，先端有短针刺，内层披针形或宽线形，先端膜质，红色；小花粉红或紫色。瘦果偏斜椭圆状倒卵形；冠毛浅褐色。

分布与生境 河西走廊地区常见荒漠草原植物，在敦煌石窟群周边均有分布。生于灌木林下、草地、河边湿地、溪边或路旁等。

资源价值 全草入药；味甘、微苦，性凉；归心经、肝经；可凉血止血、行瘀消肿。

小蓬草 *Conyza canadensis*

形态特征　一年生草本。茎直立，圆柱状，多少具棱，有条纹，被疏长硬毛，上部多分枝。叶密集；基部叶花期常枯萎；下部叶倒披针形，顶端尖或渐尖，基部渐狭成柄，边缘具疏锯齿或全缘；中部和上部叶较小，线状披针形或线形，两面或仅上面被疏短毛边缘常被上弯的硬缘毛。头状花序多数，小，排列成顶生多分枝的大圆锥花序，花序梗细；总苞近圆柱状，淡绿色，线状披针形或线形，顶端渐尖，外层约短于内层之半，背面被疏毛，边缘干膜质，无毛；花托平，具不明显的突起；雌花多数，舌状，白色，舌片小，稍超出花盘，线形，顶端具2个钝小齿；两性花淡黄色，花冠管状，上端具4个或5个齿裂，管部上部被疏微毛。瘦果线状披针形，稍扁压；冠毛污白色，1层，糙毛状。

分布与生境　河西走廊地区常见田间杂草，在敦煌石窟群周边均有分布。生于旷野、荒地、田边和路旁。

资源价值　全草入药；味微苦、辛，性凉；可清热利湿、散瘀消肿。

两色金鸡菊[☆] *Coreopsis tinctoria*

形态特征　一年生草本。茎直立，无毛，上部有分枝。叶对生；下部及中部叶有长柄，二回羽状全裂，裂片线形或线状披针形，全缘；上部叶无柄或下延成翅状柄，线形。头状花序多数，有细长花序梗，排列成伞房或疏圆锥花序状；总苞半球形，总苞片外层较短，内层卵状长圆形，顶端尖。舌状花黄色，舌片倒卵形；管状花红褐色，狭钟形。瘦果长圆形或纺锤形，两面光滑或有瘤状突起，顶端有2细芒。

分布与生境　河西走廊地区栽培观赏花卉，在莫高窟和榆林窟周边有人工种植。

资源价值　园林观赏花卉。全草入药；味甘，性平；可清湿热、解毒消痈。

秋英[☆] *Cosmos bipinnata*

菊科 Asteraceae
秋英属 *Cosmos*

形态特征　一年生或多年生草本。根纺锤状，多须根，或近茎基部有不定根。茎无毛或稍被柔毛。叶二回羽状深裂，裂片线形或丝状线形。头状花序单生；总苞片外层披针形或线状披针形，近革质，淡绿色，具深紫色条纹，上端长狭尖，较内层与内层等长，内层椭圆状卵形，膜质；托片平展，上端丝状，与瘦果近等长。舌状花紫红色、粉红色或白色，舌片椭圆状倒卵形，有3~5钝齿；管状花黄色，管部短，上部圆柱形，有披针状裂片，花柱具短突尖的附器。瘦果黑紫色，无毛，上端具长喙，有2~3尖刺。

分布与生境　河西走廊地区栽培观赏花卉，在莫高窟和西千佛洞有人工种植。

资源价值　观赏花卉和切花材料。全草入药；味甘，性平；可清热解毒、化湿。

黄秋英 ☆ *Cosmos sulphureus*

菊科 Asteraceae
秋英属 *Cosmos*

形态特征 一年生草本，多分枝。叶为对生的二回羽状复叶，深裂，裂片呈披针形，有短尖，叶缘粗糙，与大波斯菊相比叶片更宽。花为舌状花，有单瓣和重瓣两种，颜色多为黄色、金黄色、橙色、红色。瘦果棕褐色，坚硬，粗糙有毛，顶端有细长喙。

分布与生境 河西走廊地区栽培观赏花卉，在敦煌石窟群周边均有人工种植。

资源价值 园林观赏花卉。

弯茎还阳参 *Crepis flexuosa*

菊科 Asteraceae
还阳参属 *Crepis*

形态特征　多年生草本。茎自基部分枝，全部茎枝无毛，被多数茎生叶。基生叶及下部茎生叶倒披针形、倒披针状长椭圆形或线形，基部渐狭或急狭成短或较长的叶柄，羽状深裂、半裂或浅裂；中部与上部茎生叶与基生叶及下部茎生叶同形或线状披针形或狭线形；全部叶青绿色，两面无柄。头状花序多数或少数在茎枝顶端排成伞房状花序或团伞状花序；总苞片4层，外层及最外层短，卵形或卵状披针形顶端钝或急尖，内层及最内层长，线状长椭圆形，顶端急尖或钝，内面无毛，外面近顶端有不明显的鸡冠状突起或无，全部总苞片果期黑色或淡黑绿色，外面无毛；舌状小花黄色，花冠管外面无毛。瘦果纺锤状，向顶端收窄，淡黄色，顶端无喙，沿肋有稀疏的微刺毛；冠毛白色，易脱落，微粗糙。

分布与生境　河西走廊地区荒漠植物，在敦煌石窟群周边均有分布。生于山坡砾石地、荒漠草原、河滩沙地或水边沼泽地。

资源价值　根可入药；味苦、甘，性凉；可止咳平喘、健脾消食、下乳。

大丽花☆ *Dahlia pinnata*

菊科 Asteraceae
大丽花属 *Dahlia*

形态特征　多年生草本，有巨大棒状块根。茎直立，多分枝，粗壮。叶一回至三回羽状全裂，上部叶有时不分裂，裂片卵形或长圆状卵形，下面灰绿色，两面无毛。头状花序大，有长花序梗，常下垂；总苞片外层约5片，卵状椭圆形，叶质，内层膜质，椭圆状披针形。舌状花1层，白色、红色或紫色，常卵形，顶端有不明显的3齿，或全缘；管状花黄色；有时栽培种全部为舌状花。瘦果长圆形，黑色，扁平，有2个不明显的齿。

分布与生境　河西走廊地区栽培观赏花卉，在敦煌石窟群周边均有人工种植。

资源价值　全世界栽培最广的观赏植物之一。块根入药；味辛、甘，性平；可清热解毒、散瘀止痛。

菊花[☆] *Dendranthema morifolium*

形态特征　多年生草本，全株密被白色绒毛。茎基部稍木质化，略带紫红色，幼枝略具棱。叶互生，卵形或卵状披针形，先端钝，基部近心形或阔楔形，边缘通常羽状深裂，裂片具粗锯齿或重锯齿，两面密被白绒毛；叶柄有浅槽。头状花序顶生；总苞半球形，苞片3～4层，绿色，被毛，边缘膜质透明，淡棕色，外层苞片较小，卵形或卵状披针形，第二层苞片阔卵形，内层苞片长椭圆形；花托小，凸出，半球形；舌状花雌性，位于边缘，舌片线状长圆形，先端钝圆，白色、黄色、淡红色或淡紫色，无雄蕊，雌蕊1，花柱短，柱头2裂；管状花两性，位于中央，黄色，每花外具1卵状膜质鳞片，花冠先端5裂，裂片三角状卵形，雄蕊5，聚药，分离，雌蕊1，子房下位，矩圆形，花柱线形，柱头2裂。瘦果矩圆形，具4棱，顶端平截，光滑无毛。

分布与生境　河西走廊地区栽培观赏花卉，在敦煌石窟群周边均有人工种植。

资源价值　园林观赏花卉。以花入药；味甘、苦，性微寒；归肺经、肝经；可疏风清热、平肝明目、解毒消肿。

砂蓝刺头 *Echinops gmelini*

形态特征 一年生草本。根直伸，细圆锥形。茎单生，茎枝淡黄色，疏被腺毛。下部叶线形或线状披针形，边缘具刺齿或三角形刺齿裂或刺状缘毛；中上部叶与下部叶同形；叶纸质，两面绿色，疏被蛛丝状毛及腺点。复头状花序单生茎顶或枝端，基毛白色，细毛状，边缘糙毛状；总苞片16~20，外层线状倒披针形，爪基部有蛛丝状长毛，中层倒披针形，背面上部被糙毛，背面下部被长蛛丝状毛，内层长椭圆形，中间的芒刺裂较长，背部被长蛛丝状毛；小花蓝色或白色。瘦果倒圆锥形，密被淡黄棕色长直毛，遮盖冠毛。

分布与生境 仅在五个庙石窟周边有分布。生于山坡砾石地、荒漠草原或河滩沙地。

资源价值 根可入药；味咸、苦，性寒；可清热解毒、排脓、通乳。

天人菊 *Gaillardia pulchella*

菊科 Asteraceae
天人菊属 *Gaillardia*

形态特征　一年生草本。茎中部以上多分枝，分枝斜升，被短柔毛或锈色毛。下部叶匙形或倒披针形，边缘波状钝齿、浅裂至琴状分裂，先端急尖，近无柄；上部叶长椭圆形、倒披针形或匙形，全缘或上部有疏锯齿或中部以上3浅裂，基部无柄或心形半抱茎，叶两面被伏毛。头状花序总苞片披针形，边缘有长缘毛，背面有腺点，基部密被长柔毛。舌状花黄色，基部带紫色，舌片宽楔形，顶端2～3裂；管状花裂片三角形，顶端渐尖成芒状，被节毛。瘦果基部被长柔毛。

分布与生境　河西走廊地区常见栽培花卉，在莫高窟周边有人工种植。

资源价值　园林观赏花卉，良好的防风固沙植物。花瓣入药，具有平肝明目、清热解毒等功效。

牛膝菊 *Galinsoga parviflora*

菊科 Asteraceae
牛膝菊属 *Galinsoga*

形态特征 一年生直立草本。茎分枝，略被毛或无毛。叶对生，卵圆形至披针形，顶端渐尖，基部圆形至宽楔形，边缘有浅圆齿或近全缘，叶脉基部3出，稍被毛。头状花序小，有细长的梗；总苞半球形，苞片2层，宽卵形，绿色，近膜质；花异形，全部结实；舌状花4~5，白色，一层，雌性；筒状花黄色，两性，顶端5齿裂；花托凸起，有披针形托片。瘦果有棱角，顶端具睫毛状鳞片。

分布与生境 河西走廊地区常见田间杂草，敦煌石窟群周边均有分布。生于林下、河谷地、荒野、河边及田间。

资源价值 嫩茎叶可食用。全草入药；味淡，性平；可清热解毒、止咳平喘、止血。

茼蒿[☆] *Glebionis coronaria*

形态特征　一年生或二年生草本。茎光滑无毛，不分枝或自中上部分枝。基生叶花期枯萎；中下部茎生叶长椭圆形或长椭圆状倒卵形，无柄，二回羽状分裂，一回为深裂或几全裂，二回为浅裂、半裂或深裂，裂片卵形或线形；上部茎生叶小。头状花序单生茎顶或少数生茎枝顶端，但并不形成明显的伞房花序；总苞片4层，顶端膜质扩大成附片状。舌状花瘦果有3突起的狭翅肋，肋间有1～2明显的间肋。管状花瘦果有1～2椭圆形突起的肋，及不明显的间肋。

分布与生境　河西走廊地区常见栽培绿叶蔬菜，在敦煌石窟群周边均有人工种植。

资源价值　嫩茎叶供食用。全草入药；味甘、辛，性平；具有安心气、和脾胃、消痰饮、利二便的功效。

向日葵☆ *Helianthus annuus*

形态特征　一年生高大草本。茎直立，粗壮，被白色粗硬毛，不分枝或有时上部分枝。叶互生，卵圆形或心状卵圆形，顶端急尖或渐尖，有基出三脉，边缘有粗锯齿，两面被短糙毛；有长柄。头状花序极大，单生于茎端或枝端，常下倾；总苞片多层，叶质，覆瓦状排列，卵形至卵状披针形，顶端尾状渐尖，被长硬毛或纤毛；花托平或稍凸，有半膜质托片。舌状花多数，黄色，舌片开展，长圆状卵形或长圆形，不结实；管状花极多数，棕色或紫色，有披针形裂片，结果实。瘦果倒卵形或卵状长圆形，稍扁压，有细肋，常被白色短柔毛，上端有2个膜片状早落的冠毛。

分布与生境　河西走廊地区主要栽培作物，在莫高窟和西千佛洞周边有人工种植。

资源价值　种子供榨油和食用。全株入药；味淡，性平；葵花盘养肝补肾、降压、止痛；根和茎髓清热利尿、止咳平喘；种子滋阴、止痢、透疹。

菊芋☆ *Helianthus tuberosus*

菊科 Asteraceae
向日葵属 *Helianthus*

形态特征　多年生草本。具块状地下茎；茎直立，上部分枝，被短糙毛或刚毛。基部叶对生；上部叶互生，矩卵形至卵状椭圆形，3脉，上面粗糙，下面有柔毛，边缘有锯齿，顶端急尖或渐尖，基部宽楔形，叶柄上部有狭翅。头状花序数个，生于枝端；总苞片披针形，开展；舌状花淡黄色；管状花黄色。瘦果楔形，有毛，上端常有2～4个具毛的扁芒。

分布与生境　河西走廊地区栽培作物，在莫高窟和西千佛洞周边有人工种植。

资源价值　地下块茎可食用。地下块茎或茎叶入药；味甘、微苦，性凉；可清热凉血、消肿。

糙叶赛菊芋☆ *Heliopsis scabra var. scabra*

菊科 Asteraceae
赛菊芋属 *Heliopsis*

形态特征　多年生草本。茎枝光滑。叶片三角形到狭卵状披针形，表面有中度到浓密的细小粗糙点，或具粗糙点，上面无毛，下面具柔毛，边缘具粗齿。头状花序，单生；舌状花阔线形，先端渐尖，黄色。瘦果无冠毛或有具齿的边缘。

分布与生境　北美引种植物。河西走廊地区栽培花卉，在莫高窟和西千佛洞有人工种植。

资源价值　园林花坛、花境布设花卉。花可入药，具有散瘀、消炎、镇痛、利尿等功效。

河西菊 *Hexinia polydichotoma*

形态特征　多年生草本。茎自下部起多级等二叉状分枝，形成球状，全部茎枝无毛。基生叶与下部茎生叶少数，线形，革质；无柄。头状花序极多数，单生于末级等二叉状分枝末端，花序梗粗短，含4～7舌状小花；总苞圆柱状，总苞片2～3层，外层小，不等长，三角形或三角状卵形，内层长椭圆形或长椭圆状披针形，全部总苞片顶端急尖或钝，外面无毛；舌状小花黄色，花冠管外面无毛。瘦果圆柱状，淡黄色至黄棕色，向顶端增粗，顶端圆形，无喙，向下稍收窄；冠毛白色，单毛状，基部连合成环，整体脱落。

分布与生境　河西走廊地区主要荒漠植物，敦煌石窟群周边均有分布。生于沙地、沙地边缘及戈壁冲沟。

资源价值　干旱地区城市绿化植物和重要的防风固沙植物。

旋覆花 *Inula japonica*

形态特征　多年生草本，被长伏毛。叶狭椭圆形，基部渐狭或有半抱茎的小耳，边缘有小尖头的疏齿或全缘，下面有疏伏毛和腺点；无叶柄。头状花序多数或少数排成疏散的伞房状花序，花序梗细；总苞片5层，条状披针形，仅最外层披针形而较长；舌状花黄色，顶端有3小齿；筒状花长约5 mm。瘦果圆柱形，有10沟，顶端截，被疏短毛；冠毛白色，有20余微糙毛，与筒状花近等长。

分布与生境　河西走廊地区栽培花卉，在莫高窟周边有人工种植。

资源价值　花序入药；味辛、苦，性微温；归肺经、脾经、胃经、大肠经；可降气化痰、降逆止呕。

蓼子朴 *Inula salsoloides*

形态特征　多年生草本。地下茎横走；茎圆柱形，多分枝。叶披针状或矩圆状条形，全缘，基部较宽，心形或有小耳，半抱茎，稍肉质，上面无毛，下面有腺点及短毛。头状花序单生于枝端；总苞片4～5层，外层渐小，黄绿色，干膜质，有睫毛；舌状花淡黄色，顶端有3小齿；筒状花与冠毛等长或长于冠毛。瘦果多数细沟，被腺和疏粗毛，上端有较长的毛；冠毛白色，约有70细毛。

分布与生境　河西走廊地区常见荒漠植物，敦煌石窟群周边均有分布。生于戈壁滩地、流沙地、固定沙丘、湖河沿岸冲积地。

资源价值　良好的固沙植物和饲用植物。开花前全草入药；味辛，性凉；有解热、利尿的功效。

中华小苦荬 *Ixeridium chinense*

形态特征　多年生草本，无毛。基生叶莲座状，条状披针形或倒披针形，长7～15 cm，顶端钝或急尖，基部下延成窄叶柄，全缘或具疏小齿或不规则羽裂；茎生叶1～2，无叶柄，稍抱茎。头状花序排成疏伞房状聚伞花序；外层总苞片卵形，内层总苞片条状披针形；舌状花黄色或白色，顶端5齿裂。

瘦果狭披针形，稍扁平，红棕色；冠毛白色。

分布与生境　河西走廊地区常见田间杂草，在敦煌石窟群周边均有分布。生于田边、山地及荒野。

资源价值　全草入药；味苦，性寒；可清热解毒、消肿排脓、凉血止血。

苦荬菜 *Ixeris polycephala*

菊科 Asteraceae
苦荬菜属 *Ixeris*

形态特征　一年生或二年生草本，无毛。基生叶条状披针形，顶端渐尖，基部狭窄成柄，全缘，稀羽状分裂；茎生叶椭圆状披针形或披针形，顶端渐尖，基部耳状，抱茎，无柄。头状花序密集排成伞房状或近伞状，具细梗；外层总苞片小，卵形，内层总苞片8，卵状披针形；舌状花黄色，先端5齿裂。瘦果纺锤形，具翅棱，顶端有短尖头；冠毛白色。

分布与生境　河西走廊地区常见田间杂草，在敦煌石窟群周边均有分布。生于田边、荒地及路边。

资源价值　全草入药；味苦，性寒；可清热解毒、消肿止痛。

蒙疆苓菊 *Jurinea mongolica*

形态特征 多年生草本。根状茎粗大，颈部被残存的叶柄，有极厚的绵毛。茎丛生，分枝，被白色蛛丝状绵毛。基生叶和下部茎生叶有柄，中上部茎生叶无柄，矩圆状披针形至条状披针形，羽状深裂或浅裂，少有不分裂，边缘皱而反卷，两面被或疏或密的蛛丝状绵毛，下面密生腺体。头状花序单生枝端；总苞半球形，总苞片多层，黄绿色，被疏蛛丝状绵毛和腺体，外层长卵形渐尖，内层伸长，顶端均具草黄色刺尖；花冠红色，筒部向上渐扩大成漏斗状的檐部，外面有腺体。瘦果四角形；冠毛污黄色，刚毛状，不等长，有短羽毛。

分布与生境 仅在榆林窟周边有分布。生于路旁、砾质戈壁及干河滩。

资源价值 以茎基部绵毛入药；味淡，性平；可止血，主治外伤出血、鼻出血。

花花柴 *Karelinia caspia*

菊科 Asteraceae
花花柴属 *Karelinia*

形态特征　多年生草本。茎粗壮，中空，多分枝。叶卵形、矩圆状卵形或矩圆形，顶端钝或圆形，基部有圆形或戟形小耳，抱茎，全缘或具不规则的短浅齿，被糙毛或无毛。头状花序3～7生于枝端；总苞片约5层，覆瓦状排列，内层较外层长3～4倍，质厚，被短毡毛；花托平，有托毛；花黄色或紫红色，雌花花冠丝状，两性花花冠细筒状，有被短毛的裂片，花药无尾；冠毛白色，雌花冠毛1层，两性花冠毛多层，上端较粗厚。瘦果圆柱形，有4～5棱，无毛。

分布与生境　河西走廊地区主要荒漠植物，敦煌石窟群周边均有分布。生于戈壁滩地、沙丘、草甸盐碱地和苇地水田旁。

资源价值　优质饲用植物和盐碱地土壤改良植物。全草入药；味辛、苦，性温；具泄热解毒、祛痰化湿、活血化瘀的功效。

莴苣 ☆ *Lactuca sativa*

形态特征　一年生或二年生草本。茎粗，厚肉质，高30~100 cm。基生叶丛生，向上渐小，圆状倒卵形，长10~30 cm，全缘或卷曲皱波状；茎生叶椭圆形或三角状卵形，基部心形，抱茎。头状花序有15小花，多数在茎枝顶端排成伞房状圆锥花序；舌状花黄色。瘦果狭或长椭圆状倒卵形，灰色、肉红色或褐色，微压扁，每面有7~8纵肋，上部有开展柔毛；喙细长，淡白色或褐红色，与果身等长或稍长；冠毛白色。

分布与生境　河西走廊地区主要栽培蔬菜，在莫高窟和西千佛洞周边有人工种植。

资源价值　茎可食用，是一种常见的蔬菜。全草入药；味甘，性凉；能通乳汁、利小便、消食、醒酒、补筋骨、洁齿、除口气。

生菜[☆] *Lactuca sativa* var. *ramosa*

形态特征　又称叶用莴苣。一年生或二年草本。茎直立，单生，上部圆锥状花序分枝，全部茎枝白色。基生叶及下部茎生叶大，不分裂，倒披针形、椭圆形或椭圆状倒披针形；圆锥花序分枝下部的叶及圆锥花序分枝上的叶极小，卵状心形，无柄，基部心形或箭头状抱茎，边缘全缘，全部叶两面无毛。头状花序多数或极多数，在茎枝顶端排成圆锥花序；总苞果期卵球形，总苞片5层，最外层宽三角形，中层披针形至卵状披针形，内层线状长椭圆形，全部总苞片顶端急尖，外面无毛。舌状小花约15。瘦果倒披针形压扁，浅褐色，顶端急尖成细喙；喙细丝状，与瘦果几等长；冠毛2层，纤细，微糙毛状。

分布与生境　河西走廊地区主要栽培绿叶蔬菜，在西千佛洞和榆林窟周边有人工种植。

资源价值　幼苗供食用。种子入药；味辛、苦，微温；归胃经、肝经；可通乳汁、利小便、活血行瘀。

母菊 ☆ *Matricaria chamomilla*

菊科 Asteraceae
母菊属 *Matricaria*

形态特征　一年生草本，全株无毛。茎有沟纹，上部多分枝。下部叶矩圆形或倒披针形，二回羽状全裂，无柄，基部稍扩大，裂片条形，顶端具短尖头；上部叶卵形或长卵形。头状花序异型，在茎枝顶端排成伞房状；舌状花1列，舌片白色，反折；管状花多数，花冠黄色，中部以上扩大，冠檐5裂。瘦果小，淡绿褐色，侧扁，略弯，顶端斜截形，背面圆形凸起，腹面及两侧有5白色细肋；无冠状冠毛。

分布与生境　河西走廊地区常见栽培花卉，在莫高窟周边有人工种植。

资源价值　花或全草入药；味辛、微苦，性凉；可清热解毒、止咳平喘、祛风湿。

乳苣 *Mulgedium tataricum*

形态特征　多年生草本。茎分枝。下部叶矩圆形，灰绿色，质厚，稍肉质，基部收窄半抱茎，羽状或倒向羽状深裂或浅裂；中部叶与下部叶同形，但不分裂，全缘，披针形或狭披针形；上部叶全缘，抱茎，有时全部叶全缘而不分裂。头状花序多数，有20小花，在茎枝顶端排成开展圆锥状花序；舌状花紫色或淡紫色。瘦果矩圆状条形，稍压扁或不扁，灰色至黑色，每面有5~7凸起的纵肋，沿果面排列；果颈渐窄，较长，灰白色；冠毛白色，全部同形。

分布与生境　河西走廊地区常见田间杂草，敦煌石窟群周边均有分布。生于田边、河滩地及湖边。

资源价值　全草入药；味苦，性微寒；可清热解毒、凉血止血。

黑心金光菊[☆] *Rudbeckia hirta*

菊科 Asteraceae
金光菊属 *Rudbeckia*

形态特征　一年生或二年生草本，全株被刺毛。下部叶长卵圆形、长圆形或匙形，基部楔形下延，3出脉，边缘有细锯齿，叶柄具翅；上部叶长圆状披针形，两面被白色密刺毛，边缘有疏齿或全缘，无柄或具短柄。头状花序着生于顶部，花序梗长；总苞片外层长圆形，内层披针状线形，被白色刺毛；花托圆锥形，托片线形，对折呈龙骨瓣状，边缘有纤毛；舌状花鲜黄色，舌片10～14，长圆形，先端有2～3不整齐短齿；管状花褐紫色或黑紫色。瘦果四棱形，黑褐色；无冠毛。

分布与生境　河西走廊地区栽培观赏花卉，在莫高窟周边有人工种植。

资源价值　优质观赏花卉和切花植物。

金光菊 ☆ *Rudbeckia laciniata*

形态特征　多年生草本。茎上部有分枝，无毛或稍有短糙毛。叶互生，无毛或被疏短毛；下部叶具叶柄，不分裂或羽状5~7深裂，裂片长圆状披针形，顶端尖，边缘具不等的疏锯齿或浅裂；中部叶3~5深裂；上部叶不分裂，卵形，顶端尖，全缘或有少数粗齿，背面边缘被短糙毛。头状花序单生于枝端，具长花序梗；总苞半球形，总苞片2层，长圆形，上端尖，稍弯曲，被短毛；花托球形，托叶顶端截形，被毛，与瘦果等长；舌状花金黄色，舌片倒披针形，长约为总苞片的2倍，顶端具2短齿；管状花黄色或黄绿色。瘦果无毛，压扁，稍有4棱，顶端有具4齿的小冠。

分布与生境　河西走廊地区栽培观赏花卉，在莫高窟周边有人工种植。

资源价值　园林观赏花卉。叶片入药；味苦，性寒；可清湿热、解毒消痈。

盐地风毛菊 *Saussurea salsa*

形态特征　多年生草本。根状茎粗，颈部有残叶柄；茎单生或数个，上部或中部分枝，具由叶下延而成的翅。叶质较厚，被短糙毛或无毛，下面有腺点；基生叶和下部基叶大，有柄，基部扩大成鞘，琴状羽状全裂，中裂片大，箭头状，有波状浅齿或全缘，侧裂片三角形，全缘；中部茎叶矩圆形、矩圆状条形或披针形，无柄，沿茎下延，全缘或有疏齿；最上部叶狭。头状花序多数，在茎和枝端排成开展的圆锥状；总苞狭筒状，总苞片5～7层，粉紫色，无毛或有疏蛛丝状毛，顶端钝，外层卵形，内层矩圆形；花粉紫色。瘦果；冠毛白色，外层不等长，糙毛状，内层羽毛状。

分布与生境　仅在五个庙石窟周边有分布。生于盐碱草地、戈壁滩及湖边。

资源价值　全草入药；味苦、辛，性温；可祛风活络、散瘀止痛。

拐轴鸦葱 *Scorzonera divaricata*

菊科 Asteraceae
鸦葱属 *Scorzonera*

形态特征　多年生草本。全株黄绿色或灰绿色，有白粉，通常自根状茎上部发出多数铺散或直立的茎。根状茎被鞘状或纤维状撕裂的残叶；茎叉状分枝、少分枝、不分枝或仅花序有分枝。叶条形，无毛，顶端反卷弯曲或不反卷弯曲，上部叶渐小。头状花序单生枝端，有4~5舌状花；总苞圆柱状，被白色短柔毛或脱毛，总苞片3~4层，外层卵形，内层长椭圆状披针形；花全部舌状，黄色，两性，结实。瘦果无毛无喙；冠毛羽状。

分布与生境　河西走廊地区常见荒漠植物，在敦煌石窟群周边有分布。生于荒漠砾石地、戈壁、干河床和粗沙地。

资源价值　全草入药；味苦，性寒，有小毒；可清热解毒。

蒙古鸦葱 *Scorzonera mongolica*

菊科 Asteraceae
鸦葱属 *Scorzonera*

形态特征 多年生草本，灰绿色，无毛。茎多数，上部分枝，直立或自基部铺散。叶肉质，灰绿色，粗涩，具不明显的3～5脉；基生叶披针形或条状披针形，基部收窄成短柄，柄基扩大成鞘；茎生叶无柄，条状披针形。头状花序单生茎端或分枝顶端，狭圆锥状；总苞片无毛或有微毛，外层卵形，内层长椭圆状条形；舌状花黄色，干时红色。瘦果有纵肋，上部有疏柔毛；冠毛白色，羽状。

分布与生境 河西走廊地区常见荒漠植物，在敦煌石窟群周边有分布。生于盐化草甸、盐碱地、干湖盆、草滩及河滩地。

资源价值 草原地区优质饲用植物。根可入药；味苦、辛，性寒；归心经；可清热解毒、消肿散结。

苦苣菜 *Sonchus oleraceus*

形态特征　一年生草本。根纺锤状。茎不分枝或上部分枝，无毛或上部有腺毛。叶柔软无毛，羽状深裂、大头状羽状全裂或羽状半裂，顶裂片大或顶端裂片与侧生裂片等大，少有叶不分裂的，边缘有刺状尖齿；下部的叶柄有翅，基部扩大抱茎；中上部的叶无柄，基部宽大戟耳形。头状花序在茎端排成伞房状；梗或总苞下部初期有蛛丝状毛，有时有疏腺毛；总苞钟状，暗绿色，总苞片2~3列；舌状花黄色，两性，结实。瘦果长椭圆状倒卵形，压扁，亮褐色、褐色或肉色，边缘有微齿，两面各有3凸起的纵肋，肋间有细皱纹；冠毛毛状，白色。

分布与生境　河西走廊地区常见田间杂草，在敦煌石窟群周边均有分布。生于山坡或山谷林缘、林下或田间。

资源价值　全草入药；味苦，性寒；可清热、凉血、解毒。

百花蒿 *Stilpnolepis centiflora*

形态特征 一年生草本。茎多分枝，有纵条纹，被绢状柔毛。叶线形，具3脉，两面被疏柔毛，顶端渐尖；无柄。头状花序半球形，下垂，多数头状花序排成疏松伞房花序；总苞片外层3～4，草质，有膜质边缘，中内层卵形或宽倒卵形，全部膜质或边缘宽膜质，顶端圆形，背部有长柔毛；花托半球形，无托毛；小花极多数，全为两性，结实；花冠黄色，上部3/4膨大呈宽杯状，膜质，外面被腺点，檐部5裂；花药顶端具宽披针形附片；花柱分枝顶端截形。瘦果近纺锤形，有不明显的纵肋，被稠密腺点，无冠状冠毛。

分布与生境 河西走廊地区特有荒漠植物，在敦煌石窟群周边均有分布。生于干燥山坡和沙地上。

资源价值 荒漠草原良好的饲用植物。

联毛紫菀☆ *Symphyotrichum novi-belgii*

菊科 Asteraceae
联毛紫菀属 *Symphyotrichum*

形态特征　多年生宿根草本，全株被粗毛。须根较多，有地下走茎。茎丛生，上部伞房状分枝。叶狭披针形至线状披针形，近全缘，基部稍抱茎，无黏性绒毛。头状花序伞房状着生，总苞片线形，端急尖，微向外伸展；花较小，舌状花1~3轮，淡蓝紫色或白色。

分布与生境　河西走廊地区常见栽培花卉，在敦煌石窟群周边均有人工种植。

资源价值　优质花坛、花境布设花卉，亦可用于盆花或鲜切花。干燥的根及根茎入药；味辛、苦，性温，归肺经；可润肺下气、消痰止咳。

万寿菊☆ *Tagetes erecta*

菊科 Asteraceae
万寿菊属 *Tagetes*

形态特征　一年生草本。茎直立，粗壮。叶羽状分裂，裂片长椭圆形或披针形。头状花序单生，花序梗顶端棍棒状膨大；总苞杯状，顶端具齿尖；舌状花黄色或暗橙色，舌片倒卵形，基部收缩成长爪，顶端微弯缺；管状花花冠黄色，顶端具5齿裂。瘦果线形，基部缩小，黑色或褐色，被短微毛；冠毛有1~2长芒和2~3短而钝的鳞片。

分布与生境　河西走廊地区常见栽培花卉，在敦煌石窟群周边均有人工种植。

资源价值　优质园林绿化花卉和切花材料。以花和根入药；味苦，性凉；可清热解毒、化痰止咳、解毒消肿。

蒲公英 *Taraxacum mongolicum*

菊科 Asteraceae
蒲公英属 *Taraxacum*

形态特征　多年生草本。根垂直。叶莲座状平展，矩圆状倒披针形或倒披针形，羽状深裂；侧裂片4～5对，矩圆状披针形或三角形，具齿，顶裂片较大，戟状矩圆形，羽状浅裂或仅具波状齿，基部狭成短叶柄，疏被蛛丝状毛或几无毛。花葶数个，与叶多少等长，上端被密蛛丝状毛；总苞淡绿色，外层总苞片卵状披针形至披针形，边缘膜质，被白色长柔毛，顶端有或无小角，内层总苞片条状披针形，顶端有小角；舌状花黄色。瘦果褐色，上半部有尖小瘤；冠毛白色。

分布与生境　河西走廊地区常见田间杂草，在敦煌石窟群周边均有分布。生于山坡草地、路边及田野。

资源价值　全草入药；味苦、甘，性寒；归肝经、胃经；可清热解毒、消肿散结、利尿通淋。

黄花婆罗门参 *Tragopogon orientalis*

菊科 Asteraceae
婆罗门参属 *Tragopogon*

形态特征　二年生草本。茎直立，不分枝或分枝，有纵条纹，无毛。基生叶及下部茎生叶线形或线状披针形，灰绿色，先端渐尖，全缘或皱波状，基部宽，半抱茎；中部及上部茎生叶披针形或线形。头状花序单生茎顶或植株含少数头状花序，生枝端；总苞圆柱状，总苞片8～10，披针形或线状披针形，稍弯曲，长1.5～2 cm，有纵肋，沿肋有疣状突起，上部渐狭成细喙，顶端稍增粗，与冠毛连接处有蛛丝状毛环；冠毛淡黄色。

分布与生境　仅在五个庙石窟周边有分布。生于山地林缘及草地。

资源价值　饲用植物。根可入药；味甘、淡，性平；可健脾益气。

苍耳 *Xanthium sibiricum*

菊科 Asteraceae
苍耳属 *Xanthium*

形态特征　一年生草本。茎下部被疏糙伏毛，上部及小枝密被糙伏毛。茎下部叶心形；中部叶心状卵形，叶柄被密糙伏毛；上部叶长三角形。雄头状花序着生茎枝上端，球形，雄花多数，总苞半球形，总苞片一层，长椭圆形，被微毛；雄花花冠管状，上部漏斗状。雌头状花序卵形或卵状椭圆形，总苞片2层，外层长圆状披针形，内层结合成囊状，背面有密而等长的刺，刺及喙基部被柔毛。瘦果2，倒卵圆形；瘦果喙直立，锥状，顶端内弯成镰刀状，基部被棕褐色柔毛。

分布与生境　河西走廊地区常见田间杂草，敦煌石窟群周边均有分布。生长于田间、荒野、路边及林下。

资源价值　种子可榨油。全草入药；味苦、辛，性微寒，有小毒；归肺经、脾经、肝经；可祛风散热、解毒杀虫。

百日菊[☆] *Zinnia elegans*

菊科 Asteraceae
百日菊属 *Zinnia*

形态特征　一年生草本。茎被糙毛或硬毛。叶宽卵圆形或长圆状椭圆形，基部稍心形抱茎，两面粗糙，下面密被糙毛，基脉3。头状花序单生枝端，花序梗不肥壮；总苞宽钟状，总苞片多层，宽卵形或卵状椭圆形，边缘黑色；托片上端有延伸的附片；附片紫红色，流苏状三角形。舌状花深红色、玫瑰色、紫堇色或白色，舌片倒卵圆形，先端2～3齿裂或全缘，上面被短毛，下面被长柔毛；管状花黄色或橙色，顶端裂片卵状披针形，上面被黄褐色密绒毛。雌花瘦果倒卵圆形，扁平，腹面正中和两侧边缘有棱，被密毛；管状花瘦果倒卵状楔形，扁，被疏毛，顶端有短齿。

分布与生境　河西走廊地区栽培观赏花卉，在敦煌石窟群周边有人工种植。

资源价值　园林观赏花卉。全草入药；味苦、辛，性凉；可清热、利湿、解毒。

金银忍冬 [☆] *Lonicera maackii*

形态特征　灌木。幼枝具微毛，小枝中空。叶卵状椭圆形至卵状披针形，顶端渐尖，两面脉上有毛。总花梗短于叶柄，具腺毛；相邻两花的萼筒分离，萼檐长2～3 mm，具裂达中部之齿；花冠先白后黄色，芳香，外面下部疏生微毛，唇形，花冠筒长为唇瓣的1/3～1/2；雄蕊5，与花柱均短于花冠。浆果红色，种子具小浅凹点。

分布与生境　河西走廊地区园林绿化植物，仅在莫高窟周边有人工种植。

资源价值　茎叶及花入药；味甘、淡，性寒；可祛风、清热、解毒。

毛核木 *Symphoricarpos sinensis*

忍冬科 Caprifoliaceae
毛核木属 *Symphoricarpos*

形态特征 直立灌木。幼枝红褐色，纤细，被短柔毛；老枝树皮细条状剥落。叶菱状卵形至卵形，顶端尖或钝，基部楔形或宽楔形，全缘，上面绿色，下面灰白色，两面无毛。花小，无梗，单生于短小的钻形苞片的腋内，组成一短小的顶生穗状花序，下部的苞片叶状且较长；萼筒卵状披针形，顶急尖，无毛；花冠白色，钟形，裂片卵形；雄蕊5，着生于花冠筒中部，与花冠等长或稍伸出，花药白色，无毛，柱头头状。果实卵圆形，蓝黑色，具白霜；分核2，密生长柔毛。

分布与生境 河西走廊地区园林绿化植物，在莫高窟周边有人工种植。

资源价值 优良的绿化树种和地被植物，观果观叶兼具。

锦带花 *Weigela florida*

形态特征　灌木。幼枝有2列短柔毛。叶椭圆形至倒卵状椭圆形，顶端渐尖，基部近圆形至楔形，边有锯齿，上面疏生短柔毛尤以中脉为甚，下面的毛较上面密；具短柄或近无柄。花单生或成聚伞花序生短枝叶腋和顶端；花大，鲜紫玫瑰色；裂片5，下部合生；花冠漏斗状钟形，外疏生微毛，裂片5；雄蕊5，着生于花冠中部以上，稍短于花冠。蒴果顶有短柄状喙，疏生柔毛，2瓣室间开裂。种子微小而多数。

分布与生境　河西走廊地区园林绿化植物，仅在莫高窟周边有人工种植。

资源价值　花色艳丽而繁多，是重要的观花灌木。

碱蛇床 *Cnidium salinum*

伞形科 Umbelliferae
蛇床属 *Cnidium*

形态特征　多年生草本。茎单生。基生叶长圆状卵形，一回至二回羽裂，小裂片倒卵形或倒披针形，先端2～3浅裂或深裂，基部较窄或楔形；茎生叶小裂片线状披针形或镰形；茎顶部叶柄短，鞘状，叶片简化。复伞形花序具长梗，总苞片线形，早落；小总苞片4～6，线形，边缘稍粗糙；花瓣白色或带粉红色，宽卵形；花柱基垫状。果长圆状卵形，5棱均翅状，边缘白色膜质。

分布与生境　五个庙石窟和榆林窟周边有分布。生于草甸、盐碱滩及潮湿地。

资源价值　以干燥成熟的果实入药；味辛、苦，性温，有小毒；归肾经；可温肾壮阳、燥湿、祛风、杀虫。

芫荽☆ *Coriandrum sativum*

伞形科 Umbelliferae
芫荽属 *Coriandrum*

形态特征　一年生草本，全株无毛，具强烈香气。基生叶一回至二回羽状全裂，裂片宽卵形或楔形，边缘深裂或具缺刻；茎生叶二回至三回羽状深裂，最终裂片狭条形，全缘。复伞形花序顶生；无总苞；伞幅2～8；小总苞片条形；花梗4～10；花小，白色或淡紫色。双悬果近球形，光滑，果棱稍凸起。

分布与生境　河西走廊地区常见栽培蔬菜，莫高窟、西千佛洞及榆林窟周边均有人工种植。

资源价值　茎叶做蔬菜和调香料。全草与成熟的果实入药；味辛，性温；归肺经、胃经；可发汗透疹、消食下气、清热利尿。

茴香 ☆ *Foeniculum vulgare*

形态特征 多年生草本，一年生、二年生栽培。茎直立，光滑，灰绿色或苍白色，多分枝。中部或上部的叶柄部分或全部成鞘状，叶鞘边缘膜质；叶片轮廓为阔三角形，四回至五回羽状全裂，末回裂片线形。复伞形花序顶生与侧生；小伞形花序有花14~39；花柄纤细，不等长；无萼齿；花瓣黄色，倒卵形或近倒卵圆形，先端有内折的小舌片，中脉1；花丝略长于花瓣，花药卵圆形，淡黄色；花柱基圆锥形，花柱极短，向外叉开或贴伏在花柱基上。果实长圆形，主棱5，尖锐；每棱槽内有油管1，合生面油管2。

分布与生境 河西走廊地区常见栽培蔬菜，榆林窟周边有大面积人工种植。

资源价值 著名香料植物和蜜源植物。幼苗可食用。全草入药；味辛，性温；归肝经、肾经、膀胱经、胃经；可温肾暖肝、祛寒止痛、理气和胃。

参 考 文 献

安争夕.1999.新疆植物志.乌鲁木齐:新疆科技卫生出版社.

陈灵芝.2014.中国植物区系与植被地理.北京:科学出版社.

党燕妮.2005.吐蕃统治时期敦煌的民间佛教信仰//郑炳林,樊锦诗,杨富学.2007.丝绸之路民族古文字与文化学术讨论会会议论文集(上下册).西安:三秦出版社.

党燕妮.2009.晚唐五代宋初敦煌民间佛教信仰研究.兰州:兰州大学博士研究生论文.

董晓荣.2011.蒙元时期藏传佛教在敦煌地区的传播.西藏大学学报(社会科学版),26(3):129-135.

董亚波,曾波,鲁东明.2011.面向文化遗址保护的物联网技术研究与应用.文物保护与考古科学,23(3):74-78.

敦煌研究院.2020.坚守大漠筑梦敦煌:敦煌研究院发展历程.兰州:甘肃教育出版社.

樊锦诗.2000.敦煌莫高窟的保护与管理.敦煌研究,(1):1-9.

樊锦诗.2016.简述敦煌莫高窟保护管理工作的探索和实践.敦煌研究,(5):1-5.

樊锦诗,等.2019.敦煌艺术大辞典.上海:上海辞书出版社.

傅立国,陈谭清,朗楷永,等.2002-2012.中国高等植物.第1-14卷.青岛:青岛出版社.

甘肃植物志编辑委员会.2005.甘肃植物志.第二卷.兰州:甘肃科学技术出版社.

国家药典委员会.2010.中华人民共和国药典:2010年版.三部.北京:中国医药科技出版社.

国家中药学管理局中华本草编辑委员会.1998.中华本草.上海:上海科学技术出版社.

韩文君.2021.敦煌壁画中的世俗生活.北京:清华大学出版社.

胡戟,傅玫.1995.敦煌史话.北京:中华书局.

黄大燊.1997.甘肃植被.兰州:甘肃科学技术出版社.

李羡林.2007.中印文化交流史.北京:中国社会科学出版社.

姜德治.2009.敦煌史话.兰州:甘肃文化出版社.

李最雄.2000.敦煌石窟的保护现状和面临的任务.敦煌研究,(1):10-23.

李最雄.2004.敦煌石窟保护工作六十年.敦煌研究,(3):10-26.

刘瑛心.1985-1992.中国沙漠植物志.第1-3卷.北京:科学出版社.

刘永明.2016.古代敦煌地区的东岳泰山信仰及其与道教和佛教之间的关系.敦煌学辑刊,(3):49-60.

刘玉珠.2017.国家文物局局长刘玉珠就《国家文物事业发展"十三五"规划》答记者问.(2017-02-23)[2024-03-15].http://www.ncha.gov.cn/art/2017/2/23/art_2237_42552.html.

罗华庆,李国.2020.从雪域高原到丝路重镇:"6~9世纪丝绸之路上的文化交流国际学术研讨会"综述.敦煌研究,(1):1-8.

罗伟虹.2014.中国基督教(新教)史.上海:上海人民出版社.

麻天祥,姚彬彬,沈庭.2012.中国宗教史.武汉:武汉大学出版社.

马德滋,刘惠兰.1990.宁夏植物志.第2卷.银川:宁夏人民出版社.

马琰.2018.敦煌莫高窟壁画中的佛教园林研究.杨凌:西北农林科技大学在职硕士研究生论文.

任继愈.1988.中国佛教史.第三卷.北京:中国社会科学出版社.

任继愈.1990.中国道教史.上海:上海人民出版社.

沙武田,汪万福.2012.古代敦煌文物保护述略.敦煌研究,(1):11-24.

宋淑霞.2021.敦煌与丝绸之路.北京:清华大学出版社.

孙儒僴.1994.莫高窟石窟加固工程的回顾.敦煌研究,(2):14-16.

孙儒僴.2000.回忆石窟保护工作.敦煌研究,(1):24-29.

汪万福.2018.敦煌莫高窟风沙危害及防治.北京:科学出版社.

汪万福. 2022. 我国石窟壁画保护实践与理论探索 // 滕磊, 王时伟. 保护与发展：文化遗产学术论丛 (第 1 辑). 北京：科学出版社.

汪万福, 潘建斌, 冯虎元. 2015b. 西北地区土遗址周边植物图册. 北京：科学出版社.

汪万福, 王涛, 张伟民, 等. 2005. 敦煌莫高窟风沙危害综合防护体系设计研究. 干旱区地理, 28(5): 614-620.

汪万福, 赵林毅, 裴强强, 等. 2015a. 馆藏壁画保护理论探索与实践：以甘肃省博物馆藏武威天梯山石窟壁画的保护修复为例. 文物保护与考古科学, 27(4): 101-112.

王国强. 2014. 全国中草药汇编. 北京：人民卫生出版社.

王惠民. 2020. 敦煌历史与佛教文化. 兰州：甘肃文化出版社.

王明明, 文琴琴, 张月超. 2011. 基于风险管理理论的文化遗产地监测研究. 文物保护与考古科学, 23(3):1-5.

王文刚. 2017. 预防性保护理念下博物馆文物保存环境的改造与提升. 文艺生活·下旬刊, (9): 230-231, 239.

王旭东. 2015. 基于风险管理理论的莫高窟监测预警体系构建与预防性保护探索. 敦煌研究, (1): 104-110.

王旭东, 汪万福, 俄军. 2018. 馆藏壁画保护与修复技术培训理论与实践研究. 兰州：甘肃民族出版社.

王志鹏. 2021. 佛教影响下的敦煌文学. 北京：人民出版社.

吴征镒, 孙航, 周浙昆, 等. 2010. 中国种子植物区系地理. 北京：科学出版社.

杨宝玉. 2011. 敦煌史话. 北京：社会科学文献出版社.

杨富学. 2021. 敦煌与中外关系研究. 兰州：甘肃文化出版社.

张相鹏. 2022. 甘肃玉门火烧沟遗址骟马义化遗存反映的生业活动. 国学学刊, 138(2): 50-57.

赵国平, 戴慎, 陈仁寿. 2006. 中药大辞典. 上海：上海科学技术出版社.

赵凌宇. 2009. 佛教与中原文化. 中央社会主义学院学报, (3): 104-107.

赵汝能. 2004. 甘肃中草药资源志. 兰州：甘肃省科学技术出版社.

《中华文明史话》编委会. 2010. 中华文明史话 敦煌史话. 北京：中国大百科全书出版社.

中国科学院植物研究所. 1976-1983. 中国高等植物图鉴. 第 1-5 卷, 补编第 1-2 卷. 北京：科学出版社.

中国科学院中国植物志编辑委员会. 1959-2000. 中国植物志. 第 1-80 卷. 北京：科学出版社.

中国植被编辑委员会. 1980. 中国植被. 北京：科学出版社.

朱震达. 1999. 中国沙漠 沙漠化 荒漠化及其治理的对策. 北京：中国环境科学出版社.

中文名索引

拉丁名索引